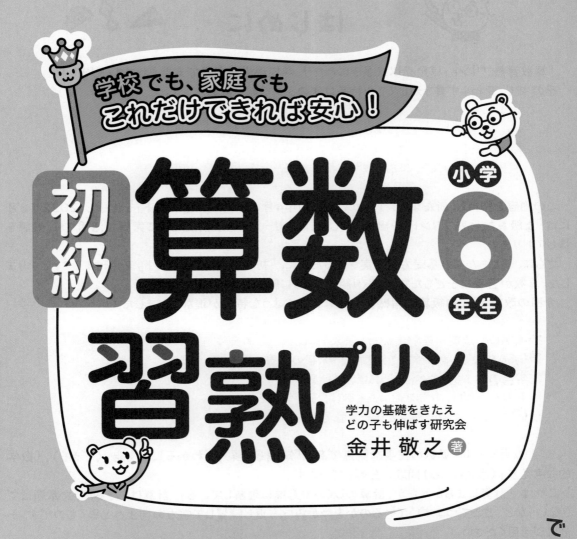

学校でも、家庭でも
これだけできれば安心！

初級 算数 小学6年生

習熟プリント

学力の基礎をきたえ
どの子も伸ばす研究会
金井 敬之 著

できちゃった！

清風堂書店

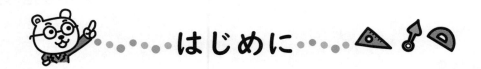

はじめに

「算数習熟プリント」は発売以来長きにわたり、学校現場や家庭で支持されてまいりました。
その中で、変わらず貫き通してきた特長は次の3つです。

○ 通常のステップよりもさらに細かくスモールステップにする
○ 大事なところは、くり返し練習して習熟できるようにする
○ 教科書レベルがどの子にも身につくようにする

　この内容を堅持し、新たなくふうを加え、2020年4月に「算数習熟プリント」を出版し、2022年3月には「上級算数習熟プリント」を出版しました。両シリーズとも学校現場やご家庭で活用され、好評を博しております。
　さらに、子どもたちの基礎力を充実させるために、「初級算数習熟プリント」を発刊することとなりました。算数が苦手な子どもたちにも取り組めるように編集してあります。
　今回の改訂から、初級算数習熟プリントには次のような特長が追加されました。

○ 観点別に到達度や理解度がわかるようにした「まとめテスト」
○ 親しみやすさ、わかりやすさを考えた「太字の手書き風文字」「図解」
○ 前学年のおさらいのページ「おぼえているかな」
○ 解答のページは、本文を縮めたものに「赤で答えを記入」
○ 使いやすさを考えた「消えるページ番号」

　「まとめテスト」は、算数の主要な観点である「知識（理解）」（わかる）、「技能」（できる）、「数学的な考え方」（考えられる）問題に分類しています。
　これは、「計算はまちがえたが、計算のしくみや意味は理解している」「計算はできるが、文章題はできない」など、どこでつまずいているのかをつかみ、くり返し練習して学力の向上へと導くものです。十分にご活用ください。
　「おぼえているかな」は、前学年のおさらいをして、当該学年の内容をより理解しやすいようにしました。すべての学年に掲載されていませんが、算数は系統的な教科なので前学年の内容が理解できると今の学年の学習が理解しやすくなります。小数の計算が苦手なのは、整数の計算が苦手なことが多いです。前学年の内容をおさらいすることは重要です。
　本文には、小社独自の手書き風のやさしい文字を使っています。子どもたちに見やすく、きれいな字のお手本にもなるようにしました。
　また、学校で「コピーして配れる」プリントです。コピーすると、プリント下部の「ページ番号が消える」ようにしました。余計な時間を省き、忙しい中でも「そのまま使える」ようにしました。

　本書「初級算数習熟プリント」を活用いただき、基礎力を充実させていただければ幸いです。

学力の基礎をきたえどの子も伸ばす研究会

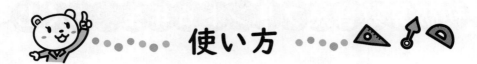

使い方

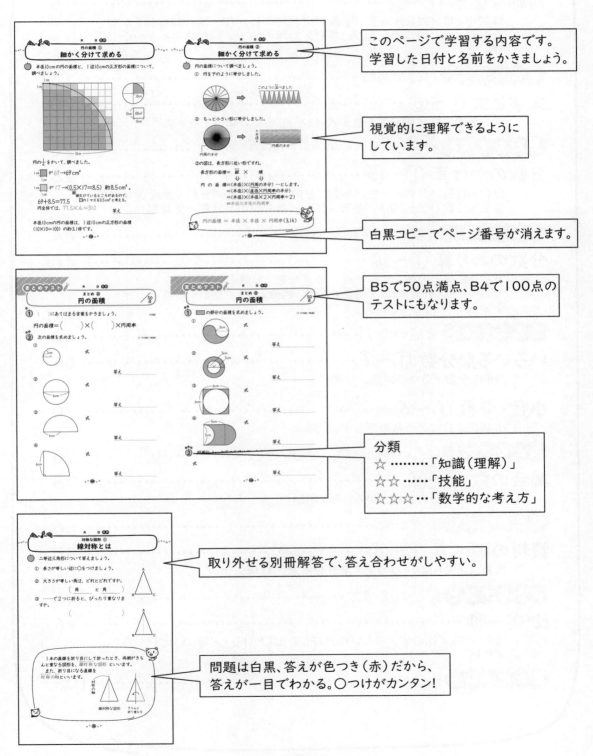

このページで学習する内容です。
学習した日付と名前をかきましょう。

視覚的に理解できるように
しています。

白黒コピーでページ番号が消えます。

B5で50点満点、B4で100点の
テストにもなります。

分類
☆ ……… 「知識（理解）」
☆☆ …… 「技能」
☆☆☆ … 「数学的な考え方」

取り外せる別冊解答で、答え合わせがしやすい。

問題は白黒、答えが色つき（赤）だから、
答えが一目でわかる。○つけがカンタン！

初級算数習熟プリント6年生　もくじ

月　　日 名前

対称な図形 ①

線対称とは

🍎 二等辺三角形について答えましょう。

① 長さが等しい辺に〇をつけましょう。

② 大きさが等しい角は、どれとどれですか。

（ 角＿＿＿＿ と 角＿＿＿＿ ）

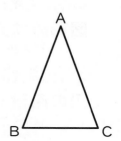

③ -----で２つに折ると、ぴったり重なりますか。

（　　　　　　　　　　　　）

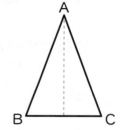

　１本の直線を折り目にして折ったとき、両側がきちんと重なる図形を、線対称な図形 といいます。
　また、折り目になる直線を 対称の軸 といいます。

線対称な図形

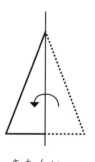

きちんと
折り重なる

対称な図形 ②

対応する点、角、直線

① 線対称な図形について答えましょう。
対称の軸ＡＣで２つに折ります。

対称の軸

① 重なりあう点は、点Ｂと
どれですか。

（　点Ｂ　　と　点　　　　　）

② 重なりあう角は、角Ｂとどれですか。

（　角Ｂ　　と　　　　　　）

③ 重なりあう直線はどれですか。

（直線ＡＢ と　　　　　）（直線ＢＣ と　　　　　）

　　線対称な図形で、対称の軸で折ったとき、きちん
と重なりあう１組の点や角や直線を、対応する点、
対応する角、対応する直線といいます。

② 次の線対称な図形の対応する点をかきましょう。

対称の軸

（　　　と　　　）

（　　　と　　　）

対称な図形 ③
対称の軸

① 線対称な図形について答えましょう。

① 対応する点Bと点Dを通る直線は、対称の軸とどのように交わっていますか。

（　　　　　　　　　　　）

② 直線BOと直線DOの長さを比べるとどうなっていますか。

（　　　　　　　　　　　）

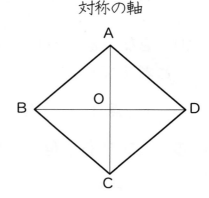

対称の軸

線対称な図形では、対応する点を結ぶ直線は、対称の軸と垂直に交わります。また、対称の軸から2つの点までの長さは、等しくなっています。

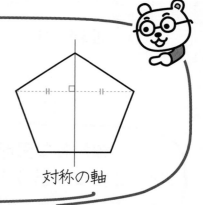

対称の軸

② 線対称な図形について答えましょう。

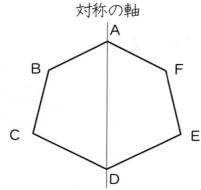

対称の軸

① 点B、点Cと対応する点はどれですか。

点Bと（　　　）、点Cと（　　　）

② 対応する点を直線で結んで、上の性質通りになっていることを確かめましょう。

対称な図形 ④

作 図

① 線対称な図形をしあげましょう。

①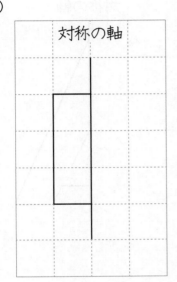
対称の軸

②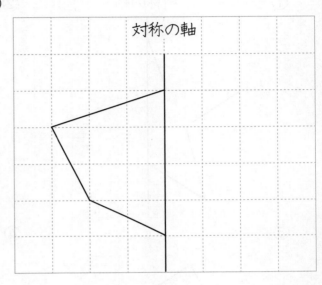
対称の軸

②　三角定規を使って、線対称な図形をしあげましょう（コンパスも使ってよい）。

① 対称の軸
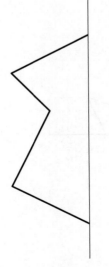

② 対称の軸
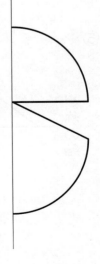

対称な図形 ⑤
作　図

🍎 線対称な図形をしあげましょう。

① 対称の軸

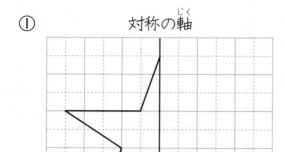

② 対称の軸

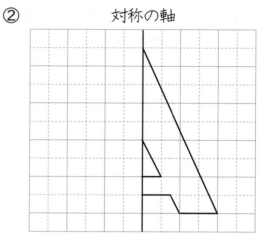

③

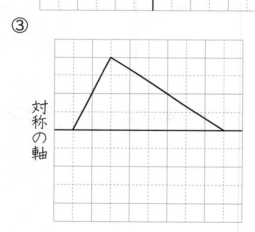

④

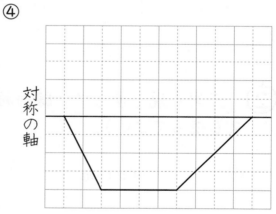

⑤

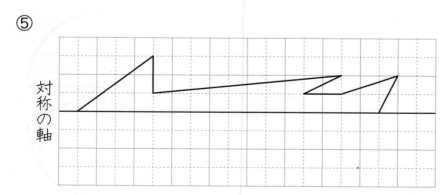

対称な図形 ⑥
対称軸をかく

 図形は線対称な図形です。対称の軸をかきましょう。

①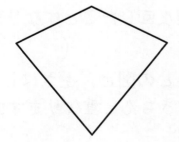

②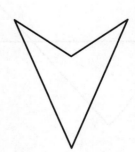

③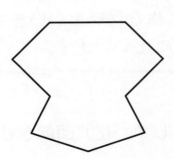

④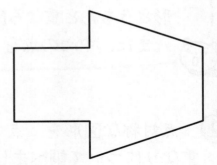

⑤　対称の軸が２本あります。

⑥　対称の軸が２本あります。

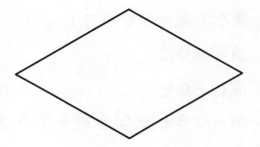

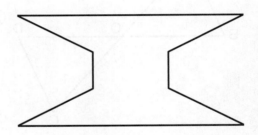

対称な図形 ⑦
点対称とは

① 次の図形について答えましょう。

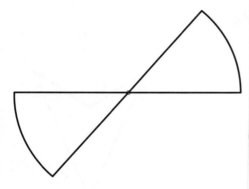

　① この図形をぐるっと回して、逆さにしてみましょう。
　　何度回したことになりますか。

（　　　　　　　）

　② もとの図と、逆さにしたときの図はきちんと重なりますか。

（　　　　　　　）

　ある点を中心にして180°回転させたとき、もとの図形ときちんと重なる図形を 点対称 な図形 といいます。
また、中心の点を 対称 の中心 といいます。

② 点対称な図形を、点Oを中心にして、180°回転させたときの重なりについて調べましょう。

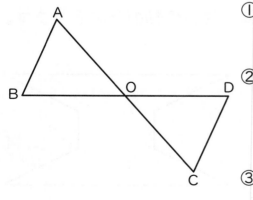

　① 重なる点をかきましょう。
　　点Aと（　　　　）、点Bと（　　　　）

　② 重なる直線をかきましょう。
　　直線AOと（　　　　　　　）
　　直線BOと（　　　　　　　）

　③ 角AOBと重なる角をかきましょう。
　　　　　　　　（　　　　　　　）

対称な図形 ⑧
対応する点、角、直線

① 四角形ＡＢＣＤを、点Ｏを中心に180°回転させ、点対称な図形をつくりました。

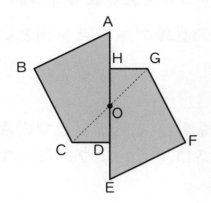

① 点Aと重なる点をかきましょう。

（　　　　　）

② 角Bと重なる角をかきましょう。

（　　　　　）

③ 直線BCと重なる直線をかきましょう。（　　　　　）

　点対称な図形で、対称の中心で180°回転させたとき、きちんと重なる1組の点や角や直線を、対応する点、対応する角、対応する直線といいます。

② 点対称な図形で対応する点、角、直線を答えましょう。

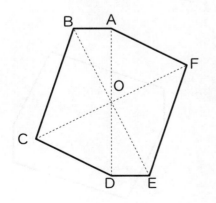

① 点Aと対応　　（　　　　　）

② 角Cと対応　　（　　　　　）

③ 直線ＡＢと対応（　　　　　）

月　　日 名前

対称な図形 ⑨
対称の中心

① 点対称_{てんたいしょう}な図形について調べましょう。

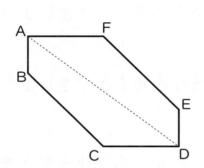

① 対応する点を結びましょう。

② ３本の直線が通る点を何といいますか。

（　　　　　　　　　　　）

③ ②の点から対応する２つの点までの長さは、どのようになっていますか。

（　　　　　　　　　　　）

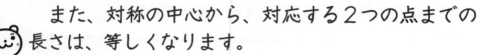

点対称な図形では、対応する点を結ぶ直線は、対称の中心を通ります。
　また、対称の中心から、対応する２つの点までの長さは、等しくなります。

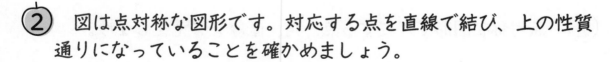

② 図は点対称な図形です。対応する点を直線で結び、上の性質通りになっていることを確かめましょう。

①

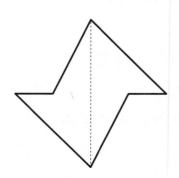

②

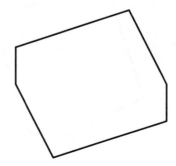

対称な図形 ⑩
対称の中心をかく

図は、点対称な図形です。点対称の中心を求め、○とかきましょう。

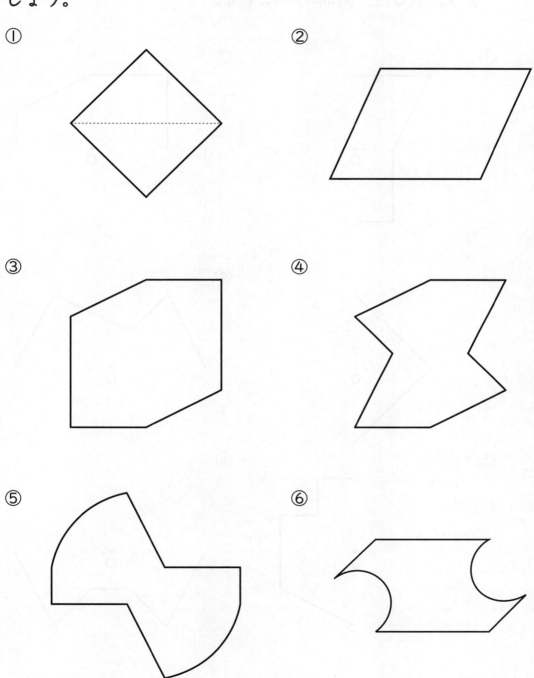

①

②

③

④

⑤

⑥

対称な図形 ⑪
作　図

点対称な図形をかいています。続きをかいてしあげましょう。点Oは、対称の中心です。

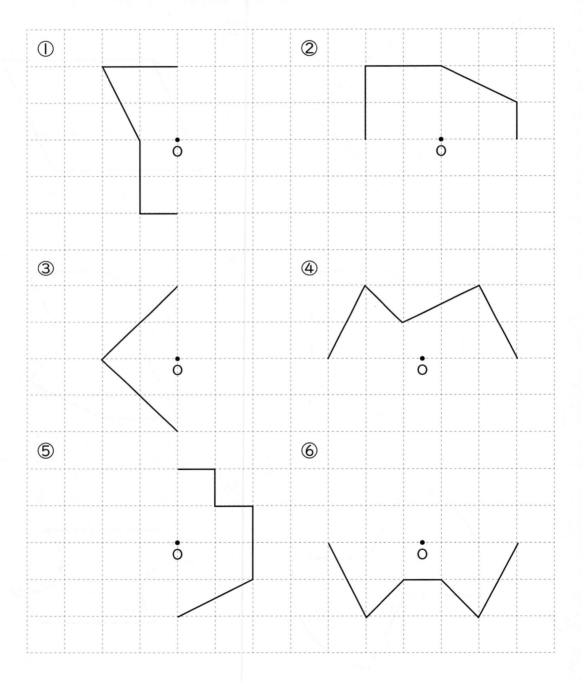

対称な図形 ⑫
作　　図

点対称な図形をかいています。続きをかいてしあげましょう。点Oは、対称の中心です。

①

②

③

④

⑤

⑥

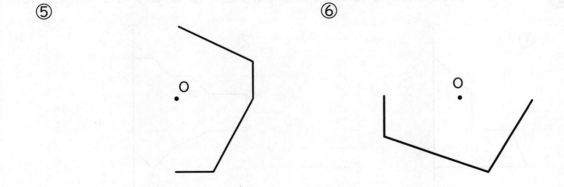

まとめ ①
対称な図形

/50点

① 次の図形で線対称（せんたいしょう）なものと点対称（てんたいしょう）なものに分けましょう。

（完答10点）

ⓐ A　　ⓘ D　　ⓤ F　　ⓔ N　　ⓞ R　　ⓚ S

線対称（　　　　　　　　）　　点対称（　　　　　　　　）

② 次の線対称な図形について答えましょう。

（1つ5点／20点）

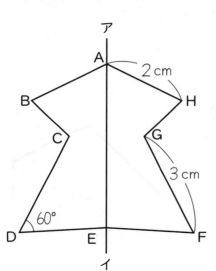

① 辺ABの長さは何cmですか。

（　　　　　　　　）

② 辺CDの長さは何cmですか。

（　　　　　　　　）

③ 角Fは何度ですか。

（　　　　　　　　）

④ 直線CGと対称の軸（じく）アイはどのように交わっていますか。

（　　　　　　　　）

③ アイが対称の軸になる線対称な図形をかきましょう。 （1つ10点／20点）

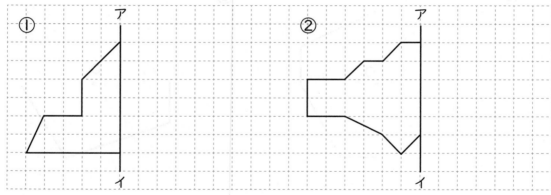

まとめ ②
対称な図形

/50点

① 次の図形について答えましょう。

(①5点、②5点／10点)

① 対称の中心Oをかきましょう。

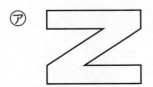 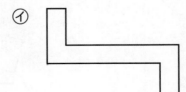 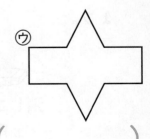

② 線対称でもある図形はどれですか。

（　　　　　　）

② 点Oが対称の中心になる点対称の図形をかきましょう。

（1つ10点／20点）

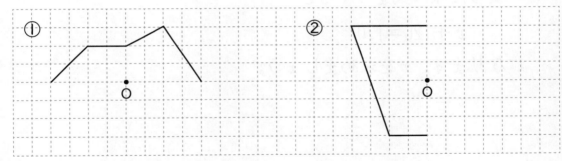

③ 次の図形は点対称な図形です。

（1つ5点／20点）

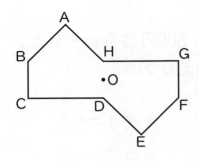

① 辺ABに対応する辺はどれですか。

（　　　　　　）

② 辺CDに対応する辺はどれですか。

（　　　　　　）

③ 点Cに対応する点はどれですか。

（　　　　　　）

④ 角Fに対応する角はどれですか。

（　　　　　　）

月　　日 名前

文字と式 ①
代金を表す式

① みち子さんは、消しゴムと120円のノート1冊を買って、170円はらいました。消しゴムの値段を x 円として、xを求めましょう。

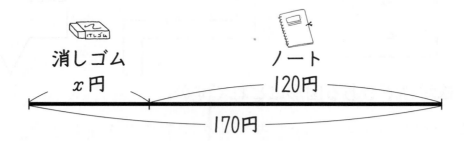

買った順に式をつくると

$$x + 120 = 170$$

になります。xを求めましょう。

$$x = 170 - 120$$
$$=$$

答え _____

② いくおさんは、ケーキを4個買って、600円はらいました。ケーキの値段をx円として、xを求めましょう。

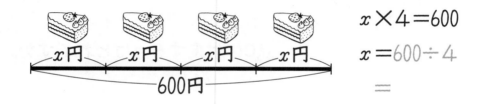

$$x \times 4 = 600$$
$$x = 600 \div 4$$
$$=$$

答え _____

文字と式 ②
問題文を表す式

① 次のことを、x を使った式に表しましょう。

① 180円のケーキを x 個買ったときの代金。

（　　　　　　　　　）

② 1000円を持って行って、x 円の買い物をしたときのおつり。

（　　　　　　　　　）

③ 面積が36m² の長方形の土地の縦の長さが、x m のときの横の長さ。

（　　　　　　　　　）

② 次の式のときの x を求めましょう。

① $x - 5 = 3$

$x =$

② $6 \times x = 30$

$x =$

③ $x + 20 = 50$

$x =$

④ $6 + x = 12$

$x =$

⑤ $8 \times x = 72$

$x =$

⑥ $40 - x = 10$

$x =$

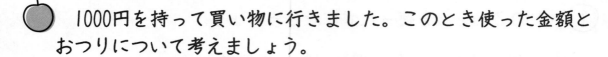

文字と式 ③
x と y で表す

1000円を持って買い物に行きました。このとき使った金額とおつりについて考えましょう。

持っていた金額		使った金額		おつり
1000	−	100	=	900
1000	−	200	=	800
1000	−	300	=	700
⋮				
1000	−	900	=	100

① 上の式で、変わらない数は何の金額で、いくらですか。

（　　　　　　　　　　　　，　　　　　　　　　　　）

② いろいろ変わる数は何と何ですか。

（　　　　　　　　　　　）（　　　　　　　　　　　）

いろいろ変わる数を x（エックス）や y（ワイ）などの文字を使って、式に表すことができます。

$$1000 - x = y$$

（ x は使った金額 y はおつり ）

文字と式 ④
x と y で表す

① 　左の $1000 - x = y$ の式を、$y = 1000 - x$ と表すことができます。

$$y = 1000 - x$$
（おつり）　（使った金額）

①　使った金額が400円のとき、上の式を使って、おつりを求めましょう。

式　$y = 1000 - 400$
　　　$=$

答え _____

②　500円使ったとき、上の式を使っておつりを求めましょう。

式

答え _____

② 　1万円を持って行って、買い物をしました。

①　x（代金）と y（おつり）を使って、2つの数の関係を式に表しましょう。

（　　　　　　　　　　　　　　　　　　）

②　x が8000円のとき、y はいくらになりますか。

式

答え _____

文字と式 ⑤
関係を表す式

① 次の⑦～⑤の式は、①～④のどの場面にあてはまりますか。
（　　）に記号をかきましょう。

⑦ $10+x=y$	⑦ $10-x=y$
⑦ $10\times x=y$	⑤ $10\div x=y$

① （　　　　　）10個のあめを x 個食べた残りは y 個です。

② （　　　　　）10枚の色紙を x 人で同じ数ずつ分けるとひと
り y 枚になりました。

③ （　　　　　）10人が遊んでいた公園に x 人やって来て y 人に
なりました。

④ （　　　　　）1パック10個入りのたまごを x パック買ったと
きのたまごの数は y 個です。

② 次の関係を式で表しましょう。

① 長さ30mのロープがあります。x m を切り取ると、残り
は y mです。

$y=$

② 80円の消しゴムと x 円のえんぴつを買いました。
代金 y は何円ですか。

$y=$

文字と式 ⑥
関係を表す式

① １本40円のえんぴつを x 本買い、代金 y 円をはらいました。

① x と y の関係を式に表しましょう。

$y =$

② えんぴつを５本買ったときの代金はいくらですか。
①の式を使って計算しましょう。

$y =$
$ =$

答え _____

② 中庭に面積が24㎡の花だんをつくります。

① 縦を y m、横を x m として、関係を式にしましょう。

$y \times x = 24$
$y =$

② 横が３mのときと、６mのときの縦の長さを求めましょう。

ア　横３mのとき

答え _____

イ　横６mのとき

答え _____

月　日　名前

文字と式

/50点

① x を使った式をかき、x にあてはまる数を求めましょう。

（1つ10点／30点）

①　1個 x 円のパンを5個買った代金が600円になった。

式

答え

②　x 円おべんとうを買って1000円札を出したときのおつりが502円だった。

式

答え

③　きのうまでに150ページ読んだ本をきょう x ページ読んだので合計245ページまで読めた。

式

答え

② 次の式の x を求めましょう。

（1つ5点／20点）

①　$15 + x = 23$

②　$x - 64 = 19$

③　$x \times 6 = 54$

④　$x \div 5 = 10$

月　日　名前

まとめ ④
文字と式

/50点

① 次の⑦〜④の式は①〜④のどの場面にあてはまりますか。
（　　　）に記号をかきましょう。

（各10点／40点）

⑦ $x+50=y$	④ $x-50=y$
⑨ $x×50=y$	④ $x÷50=y$

① （　　　　　）x枚の紙を50枚ずつ束にすると、y束できました。

② （　　　　　）x円の品物を50円引きで買うとy円でした。

③ （　　　　　）$x$cmのリボンに50cmのリボンをつなげると全部で$y$cmになりました。

④ （　　　　　）縦$x$cm、横50cmの長方形の面積は$y$cm²です。

② 下の正方形のまわりの長さは100cmです。

（各5点／10点）

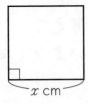

x cm

① 1辺の長さを$x$cmとして、かけ算の式で表しましょう。　（　　　×　　　　）

② 正方形の1辺の長さは何cmですか。
（　　　　　　　）

分数のかけ算 ①

分数×整数

1dLで $\frac{2}{5}$ m² のかべをぬることができるペンキがあります。

このペンキ2dL使うと、何m² のかべをぬることができますか。

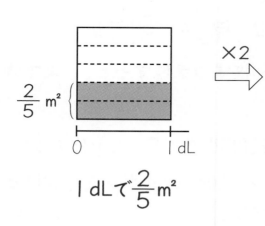

1dLで $\frac{2}{5}$ m²

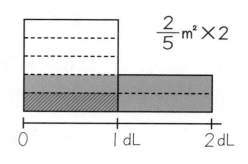

$\frac{2}{5}$ m²×2

2dLでは ▨

$\left(\frac{1}{5}\text{m}^2\right)$ が4つ分で $\frac{4}{5}$ m²

式　$\frac{2}{5} \times 2 = \frac{2 \times 2}{5} = \frac{4}{5}$

整数2は $\frac{2}{1}$ だから

$$\frac{2}{5} \times 2 = \frac{2}{5} \times \frac{2}{1} = \frac{2 \times 2}{5 \times 1} = \frac{4}{5}$$

と考えて
いいようです。

$$\frac{\boxed{分子}}{\boxed{分母}} \times \frac{\boxed{整数}}{1} = \frac{\boxed{分子} \times \boxed{整数}}{\boxed{分母} \times 1}$$

分数のかけ算 ②
分数×整数

 次の計算をしましょう。

① $\dfrac{1}{3} \times 2 = \dfrac{1 \times 2}{3 \times 1}$

$= \dfrac{2}{3}$

② $\dfrac{1}{4} \times 3 =$

$=$

③ $\dfrac{2}{5} \times 2 =$

$=$

④ $\dfrac{1}{6} \times 5 =$

$=$

⑤ $\dfrac{2}{7} \times 3 =$

$=$

⑥ $\dfrac{1}{8} \times 7 =$

$=$

⑦ $\dfrac{1}{9} \times 5 =$

$=$

⑧ $\dfrac{2}{9} \times 2 =$

$=$

分数のかけ算 ③
分数×分数

1 dLのペンキで、$\frac{3}{5}$ m² のかべをぬりました。このペンキ $\frac{1}{2}$ dLでは、かべを何m²ぬることができますか。

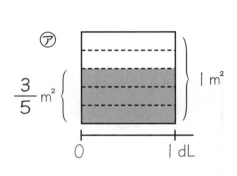

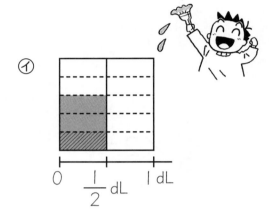

$$\boxed{1 \text{ dLで} \frac{3}{5} \text{m}^2} \Rightarrow \boxed{\frac{1}{2}\text{dL あたりでぬれる広さを求めます。}}$$

① 図①の▨は、何m²ですか。　　　　（　—　m²）

② 図①では、▨が3つ分あります。　　（　　　m²）
   それは何m²ですか。

③ $\frac{3}{5}$ (m²) $\times \frac{1}{2}$ (dL) $= \frac{3}{10}$ (m²)　　となります。

つまり、$\frac{3}{5} \times \frac{1}{2} = \frac{3 \times 1}{5 \times 2}$

$$= \frac{3}{10}$$

分数のかけ算 ④
分数×分数

分数どうしのかけ算は、分母どうし、分子どうしを
かけます。　$\dfrac{分子}{分母} \times \dfrac{分子}{分母} = \dfrac{分子 \times 分子}{分母 \times 分母}$

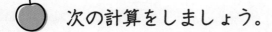 次の計算をしましょう。

① $\dfrac{1}{2} \times \dfrac{1}{3} = \dfrac{1 \times 1}{2 \times 3}$

$= \dfrac{1}{6}$

② $\dfrac{3}{4} \times \dfrac{1}{4} = \dfrac{\times}{\times}$

$=$

③ $\dfrac{3}{4} \times \dfrac{3}{5} =$

$=$

④ $\dfrac{2}{5} \times \dfrac{1}{3} =$

$=$

⑤ $\dfrac{2}{5} \times \dfrac{2}{5} =$

$=$

⑥ $\dfrac{1}{7} \times \dfrac{5}{6} =$

$=$

分数のかけ算 ⑤

分数×分数（約分なし）

 次の計算をしましょう。

① $\dfrac{3}{4} \times \dfrac{3}{7} = \dfrac{3 \times 3}{4 \times 7}$

$\qquad = \dfrac{9}{28}$

② $\dfrac{1}{2} \times \dfrac{3}{4} = \dfrac{\times}{\times}$

$\qquad =$

③ $\dfrac{3}{8} \times \dfrac{3}{5} =$

$\qquad =$

④ $\dfrac{4}{5} \times \dfrac{7}{9} =$

$\qquad =$

⑤ $\dfrac{1}{4} \times \dfrac{5}{6} =$

$\qquad =$

⑥ $\dfrac{2}{3} \times \dfrac{4}{5} =$

$\qquad =$

⑦ $\dfrac{5}{7} \times \dfrac{3}{4} =$

$\qquad =$

⑧ $\dfrac{4}{7} \times \dfrac{2}{5} =$

$\qquad =$

月　　日　名前

分数のかけ算 ⑥

分数×分数（約分なし）

 次の計算をしましょう。

① $\dfrac{1}{2} \times \dfrac{5}{7} = \dfrac{1 \times 5}{2 \times 7}$

　　　$=$

② $\dfrac{1}{3} \times \dfrac{5}{6} = \dfrac{\times}{\times}$

　　　$=$

③ $\dfrac{4}{5} \times \dfrac{2}{3} =$

　　　$=$

④ $\dfrac{1}{4} \times \dfrac{3}{8} =$

　　　$=$

⑤ $\dfrac{2}{3} \times \dfrac{4}{5} =$

　　　$=$

⑥ $\dfrac{3}{5} \times \dfrac{3}{7} =$

　　　$=$

⑦ $\dfrac{1}{5} \times \dfrac{2}{3} =$

　　　$=$

⑧ $\dfrac{5}{6} \times \dfrac{1}{4} =$

　　　$=$

分数のかけ算 ⑦

分数×分数（約分1回）

ななめ方向にある数を見比べて、約分できる場合は、約分します。

$$\frac{3}{5} \times \frac{1}{6} = \frac{3^1 \times 1}{5 \times 6_2} \quad \boxed{3 \div 3 = 1} \\ \boxed{6 \div 3 = 2}$$

 次の計算をしましょう。

① $\dfrac{2}{3} \times \dfrac{1}{4} = \dfrac{2^1 \times 1}{3 \times 4_2}$

$= \dfrac{1}{6}$

② $\dfrac{3}{4} \times \dfrac{5}{6} = \dfrac{3 \times 5}{4 \times 6}$

$=$

③ $\dfrac{2}{5} \times \dfrac{1}{2} =$

$=$

④ $\dfrac{5}{6} \times \dfrac{1}{10} =$

$=$

⑤ $\dfrac{2}{7} \times \dfrac{1}{4} =$

$=$

⑥ $\dfrac{3}{8} \times \dfrac{1}{6} =$

$=$

分数×分数（約分1回）

次の計算をしましょう。

① $\dfrac{2}{3} \times \dfrac{1}{6} = \dfrac{\cancel{2}^{1} \times 1}{3 \times \cancel{6}_{3}}$

$= \dfrac{1}{9}$

② $\dfrac{2}{5} \times \dfrac{1}{4} = \dfrac{\cancel{2} \times 1}{5 \times \cancel{4}}$

$=$

③ $\dfrac{3}{7} \times \dfrac{5}{6} =$

$=$

④ $\dfrac{3}{5} \times \dfrac{2}{3} =$

$=$

⑤ $\dfrac{5}{6} \times \dfrac{7}{10} =$

$=$

⑥ $\dfrac{3}{4} \times \dfrac{1}{9} =$

$=$

⑦ $\dfrac{5}{8} \times \dfrac{3}{5} =$

$=$

⑧ $\dfrac{4}{9} \times \dfrac{1}{6} =$

$=$

分数のかけ算 ⑨
分数×分数（約分１回）

ななめ方向にある数を見比べて、約分できる場合は、約分します。

$$\frac{5}{6} \times \frac{3}{7} = \frac{5 \times \cancel{3}^{1}}{\cancel{6}_{2} \times 7}$$

 次の計算をしましょう。

① $\dfrac{2}{3} \times \dfrac{3}{5} = \dfrac{2 \times \cancel{3}^{1}}{\cancel{3}_{1} \times 5}$

$= \dfrac{2}{5}$

② $\dfrac{1}{4} \times \dfrac{2}{5} = \dfrac{1 \times \cancel{2}}{\cancel{4} \times 5}$

$=$

③ $\dfrac{3}{4} \times \dfrac{2}{7} =$

$=$

④ $\dfrac{1}{2} \times \dfrac{4}{7} =$

$=$

⑤ $\dfrac{5}{6} \times \dfrac{2}{3} =$

$=$

⑥ $\dfrac{3}{8} \times \dfrac{4}{7} =$

$=$

分数のかけ算 ⑩
分数×分数（約分１回）

 次の計算をしましょう。

① $\dfrac{5}{6} \times \dfrac{3}{4} = \dfrac{5 \times \overset{1}{3}}{\underset{2}{6} \times 4}$

$= \dfrac{5}{8}$

② $\dfrac{3}{4} \times \dfrac{6}{7} = \dfrac{3 \times 6}{4 \times 7}$

$=$

③ $\dfrac{1}{2} \times \dfrac{2}{9} =$

$=$

④ $\dfrac{1}{6} \times \dfrac{3}{4} =$

$=$

⑤ $\dfrac{5}{6} \times \dfrac{3}{7} =$

$=$

⑥ $\dfrac{1}{5} \times \dfrac{5}{6} =$

$=$

⑦ $\dfrac{3}{10} \times \dfrac{5}{7} =$

$=$

⑧ $\dfrac{3}{4} \times \dfrac{6}{11} =$

$=$

分数のかけ算 ⑪

分数×分数（約分２回）

ななめ２方向とも約分できる場合もあります。

$$\frac{5}{6} \times \frac{4}{5} = \frac{\overset{1}{5} \times \overset{2}{4}}{\underset{3}{6} \times \underset{1}{5}}$$

 次の計算をしましょう。

① $\dfrac{2}{3} \times \dfrac{3}{4} = \dfrac{\overset{1}{\cancel{2}} \times \overset{1}{\cancel{3}}}{\underset{1}{\cancel{3}} \times \underset{2}{\cancel{4}}}$

$= \dfrac{1}{2}$

② $\dfrac{3}{4} \times \dfrac{2}{9} = \dfrac{3 \times 2}{4 \times 9}$

$=$

③ $\dfrac{2}{5} \times \dfrac{5}{6} =$

$=$

④ $\dfrac{5}{6} \times \dfrac{2}{5} =$

$=$

⑤ $\dfrac{2}{7} \times \dfrac{7}{8} =$

$=$

⑥ $\dfrac{5}{8} \times \dfrac{2}{5} =$

$=$

分数×分数（約分２回）

 次の計算をしましょう。

① $\dfrac{5}{7} \times \dfrac{7}{10} = \dfrac{5 \times 7}{7 \times 10}$

$= \dfrac{1}{2}$

② $\dfrac{5}{6} \times \dfrac{3}{5} = \dfrac{5 \times 3}{6 \times 5}$

$=$

③ $\dfrac{4}{5} \times \dfrac{5}{8} =$

$=$

④ $\dfrac{7}{8} \times \dfrac{2}{7} =$

$=$

⑤ $\dfrac{2}{9} \times \dfrac{3}{4} =$

$=$

⑥ $\dfrac{3}{10} \times \dfrac{2}{3} =$

$=$

⑦ $\dfrac{9}{10} \times \dfrac{5}{6} =$

$=$

⑧ $\dfrac{3}{4} \times \dfrac{8}{9} =$

$=$

分数のかけ算 ⑬
整数×分数

次の計算をしましょう。

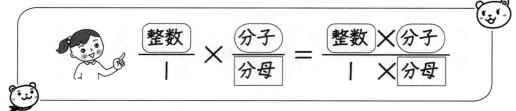

$整数 \over 1$ × $\dfrac{分子}{分母}$ = $\dfrac{整数 × 分子}{1 × 分母}$

① $2 \times \dfrac{2}{5} = \dfrac{2 \times 2}{1 \times 5}$

$= \dfrac{4}{5}$

② $2 \times \dfrac{3}{7} = \dfrac{2 \times 3}{1 \times 7}$

$=$

③ $5 \times \dfrac{1}{8} =$

$=$

④ $3 \times \dfrac{2}{7} =$

$=$

⑤ $4 \times \dfrac{1}{8} =$

$=$

⑥ $3 \times \dfrac{1}{9} =$

$=$

分数のかけ算 ⑭
帯分数のかけ算

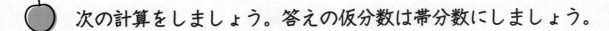

$$2\frac{4}{5} \times \frac{5}{7} = \frac{14}{5} \times \frac{5}{7} = \frac{\overset{2}{14} \times \overset{1}{5}}{\underset{1}{5} \times \underset{1}{7}}$$

帯分数は仮分数に

$$= 2$$

🍎　次の計算をしましょう。答えの仮分数は帯分数にしましょう。

① $3\frac{3}{4} \times \frac{2}{5} = \frac{15}{4} \times \frac{2}{5} = \frac{15 \times 2}{4 \times 5}$

$=$

② $2\frac{2}{5} \times 1\frac{7}{8} =$ 　　　$=$

$=$

③ $1\frac{1}{5} \times 2\frac{7}{9} =$ 　　　$=$

$=$

帯分数のかけ算

 次の計算をしましょう。答えの仮分数は帯分数にしましょう。

① $3\dfrac{1}{3} \times 4\dfrac{1}{5} = \dfrac{10}{3} \times \dfrac{21}{5} = \dfrac{10 \times 21}{3 \times 5}$

$= $

② $\dfrac{3}{11} \times 1\dfrac{2}{9} = $　　$=$

$=$

③ $1\dfrac{1}{8} \times 1\dfrac{1}{3} = $　　$=$

$=$

④ $1\dfrac{4}{5} \times 2\dfrac{2}{9} = $　　$=$

$=$

分数のかけ算 ⑯
文章題

① 1mあたりの重さが $\frac{7}{8}$ kgの鉄の棒があります。
この鉄の棒 $\frac{4}{5}$ mの重さは何kgですか。

式

答え _____

② 公園に18人います。そのうち $\frac{5}{6}$ が子どもです。
子どもは何人ですか。

式

答え _____

③ 1辺が $2\frac{1}{4}$ mの正方形の面積は何m²ですか。

式

答え _____

④ 積がかけられる数より小さくなる式はどれですか。

㋐ $\frac{1}{2} \times 1\frac{2}{3}$ 　　㋑ $\frac{3}{4} \times \frac{2}{7}$

㋒ $\frac{4}{5} \times \frac{7}{6}$ 　　㋓ $3 \times \frac{3}{5}$ （　　　　　）

月　日　名前

まとめ ⑤
分数のかけ算
/50点

 ① □にあてはまる言葉をかきましょう。 （1つ5点／10点）

$$\frac{分子}{分母} \times \frac{分子}{分母} = \frac{分子 \times \boxed{}}{分母 \times \boxed{}}$$

 ② 次の計算をしましょう。答えは仮分数のままでよい。 （1つ5点／40点）

① $8 \times \dfrac{2}{5} =$　　　　② $6 \times \dfrac{3}{4} =$

③ $\dfrac{5}{6} \times \dfrac{7}{9} =$　　　　④ $\dfrac{3}{5} \times \dfrac{5}{7} =$

⑤ $\dfrac{1}{2} \times \dfrac{4}{7} =$　　　　⑥ $\dfrac{5}{6} \times \dfrac{3}{7} =$

⑦ $\dfrac{5}{8} \times \dfrac{4}{15} =$　　　　⑧ $\dfrac{2}{9} \times \dfrac{3}{10} =$

まとめテスト　月　日 名前

まとめ ⑥

分数のかけ算

/50点

① 積が5より小さくなる式を選びましょう。 (完答10点)

㋐ $5\times\frac{2}{3}$　㋑ $5\times\frac{5}{4}$

㋒ $5\times1\frac{1}{2}$　㋓ $5\times\frac{7}{9}$　(　　　　)

② ペンキ1dLでかべが$\frac{3}{5}m^2$ぬれます。ペンキ$\frac{8}{9}$dLでぬれるかべの面積は何m^2ですか。 (10点)

式

答え

③ 縦(たて)$\frac{2}{3}$m、横$\frac{9}{10}$mの長方形の面積は何m^2ですか。 (10点)

式

答え

④ 1Lの重さが900gの油があります。この油$\frac{1}{6}$Lの重さは何gですか。 (10点)

式

答え

⑤ 時速60kmで走る車は、$\frac{2}{3}$時間で何km走りますか。 (10点)

式

答え

分数のわり算 ①
分数÷整数

かべを $\frac{3}{5}$ m² ぬるのに、ペンキを2dL使いました。このペンキ1dLでは、かべを何m²ぬることができますか。

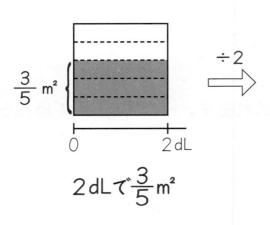

$\frac{3}{5}$ m²

÷2

$\frac{3}{5}$ m²

0　　　2dL

0　1dL　2dL

2dLで $\frac{3}{5}$ m²

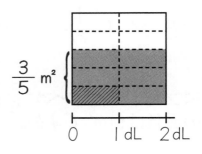

1dLでは

$\left(\frac{1}{10}$ m²$\right)$ が3つ分で $\frac{3}{10}$ m²

式　$\frac{3}{5} \div 2 = \frac{3}{5 \times 2} = \frac{3}{10}$

整数2は $\frac{2}{1}$ だから

$$\frac{3}{5} \div 2 = \frac{3}{5} \div \frac{2}{1} = \frac{3 \times 1}{5 \times 2} = \frac{3}{10}$$

と考えていいようです。

$$\frac{\boxed{分子}}{\boxed{分母}} \div \frac{\boxed{整数}}{1} = \frac{\boxed{分子} \times 1}{\boxed{分母} \times \boxed{整数}}$$

月　　日　名前

分数のわり算 ②
分数÷整数

 次の計算をしましょう。

① $\dfrac{2}{5} \div 3 = \dfrac{2 \times 1}{5 \times 3}$

$= \dfrac{2}{15}$

② $\dfrac{1}{2} \div 4 = \dfrac{1 \times 1}{2 \times 4}$

$=$

③ $\dfrac{2}{3} \div 3 =$

$=$

④ $\dfrac{5}{6} \div 4 =$

$=$

⑤ $\dfrac{1}{4} \div 2 =$

$=$

⑥ $\dfrac{3}{7} \div 5 =$

$=$

⑦ $\dfrac{4}{9} \div 7 =$

$=$

⑧ $\dfrac{5}{8} \div 3 =$

$=$

分数のわり算 ③
分数÷分数

 $\frac{1}{2}$dLのペンキで、$\frac{2}{5}$m² のかべをぬりました。

このペンキ１dLでは、かべを何m² ぬることができますか。

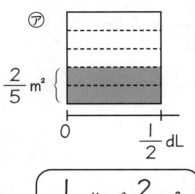

㋐

$\frac{2}{5}$m²

0　　　　$\frac{1}{2}$dL

㋑

$\frac{2}{5}$m²

0　　$\frac{1}{2}$dL　　１dL

$\frac{1}{2}$dLで$\frac{2}{5}$m²　　➡　　１dLでぬれる広さを求めます。

１dLでぬれる広さ（m²）を求めるので、

$$\frac{2}{5}（m²）÷ \frac{1}{2}（dL）　　となります。$$

図㋑を見ると ▨（$\frac{1}{5}$m²）が４つ分あるので、答えは

$\frac{4}{5}$m² となります。

$$\frac{2}{5} ÷ \frac{1}{2} = \frac{4}{5}　　です。$$

つまり、$\frac{2}{5} ÷ \frac{1}{2} = \frac{2}{5} × \frac{2}{1}$

$$= \frac{2×2}{5×1}$$

$$= \frac{4}{5}　　となります。$$

分数のわり算 ④
逆 数

2つの数の積が1になるとき、一方の数を
他方の数の逆数といいます。

① 次の数の逆数をかきましょう。

① $\dfrac{2}{3}$ → ——

② $\dfrac{4}{5}$ → ——

③ $\dfrac{8}{7}$ → ——

④ $\dfrac{10}{9}$ → ——

整数の逆数

3を分数にすると$\dfrac{3}{1}$。　$\dfrac{3}{1}$の逆数は$\dfrac{1}{3}$。　3の逆数は$\dfrac{1}{3}$。

小数の逆数

0.7を分数で表すと$\dfrac{7}{10}$。　0.7の逆数は$\dfrac{10}{7}$。

---

② 次の数の逆数をかきましょう。

① 4 →

② 6 →

③ 0.3 →

④ 0.9 →

分数のわり算 ⑤
分数÷分数（約分なし）

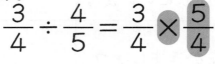

分数のわり算は、わる分数の分母と分子を逆にして（逆数を）かけます。

$$\frac{3}{4} \div \frac{4}{5} = \frac{3}{4} \times \frac{5}{4}$$

 次の計算をしましょう。

① $\dfrac{3}{5} \div \dfrac{2}{3} = \dfrac{3}{5} \times \dfrac{3}{2}$

$\qquad = \dfrac{3 \times 3}{5 \times 2}$

$\qquad = \dfrac{9}{10}$

② $\dfrac{2}{7} \div \dfrac{3}{8} = \dfrac{2}{7} \times \dfrac{8}{3}$

$\qquad =$

$\qquad =$

③ $\dfrac{1}{4} \div \dfrac{3}{5} =$

$\qquad =$

$\qquad =$

④ $\dfrac{5}{9} \div \dfrac{3}{5} =$

$\qquad =$

$\qquad =$

分数のわり算 ⑥

分数÷分数（約分なし）

 次の計算をしましょう。（答えは仮分数のままでよい。）

① $\dfrac{2}{3} \div \dfrac{3}{4} = \dfrac{2}{3} \times \dfrac{4}{3}$

$= \dfrac{2 \times 4}{3 \times 3}$

$= \dfrac{8}{9}$

② $\dfrac{1}{5} \div \dfrac{5}{8} = \dfrac{1}{5} \times \dfrac{8}{5}$

$=$

$=$

③ $\dfrac{1}{6} \div \dfrac{2}{7} =$

$=$

$=$

④ $\dfrac{1}{4} \div \dfrac{4}{7} =$

$=$

$=$

⑤ $\dfrac{5}{7} \div \dfrac{3}{8} =$

$=$

$=$

⑥ $\dfrac{4}{5} \div \dfrac{5}{8} =$

$=$

$=$

分数のわり算 ⑦
分数÷分数（約分１回）

分数のわり算をかけ算に直して計算するとき、約分できる場合は、約分します。

次の計算をしましょう。（答えは仮分数のままでよい。）

① $\dfrac{2}{3} \div \dfrac{4}{5} = \dfrac{2}{3} \times \dfrac{5}{4}$

$= \dfrac{\overset{1}{2} \times 5}{3 \times \underset{2}{4}}$

$= \dfrac{5}{6}$

② $\dfrac{5}{6} \div \dfrac{10}{11} = \dfrac{5}{6} \times \dfrac{11}{10}$

$=$

$=$

③ $\dfrac{4}{5} \div \dfrac{6}{7} =$

$=$

$=$

④ $\dfrac{4}{7} \div \dfrac{4}{9} =$

$=$

$=$

分数のわり算 ⑧
分数÷分数（約分１回）

 次の計算をしましょう。

① $\dfrac{5}{12} \div \dfrac{5}{7} = \dfrac{5}{12} \times \dfrac{7}{5}$

$\qquad = \dfrac{5 \times 7}{12 \times 5}$

$\qquad = \dfrac{7}{12}$

② $\dfrac{2}{5} \div \dfrac{4}{7} = \dfrac{2}{5} \times \dfrac{7}{4}$

$\qquad =$

$\qquad =$

③ $\dfrac{2}{7} \div \dfrac{2}{5} =$

$\qquad =$

$\qquad =$

④ $\dfrac{3}{5} \div \dfrac{9}{11} =$

$\qquad =$

$\qquad =$

⑤ $\dfrac{4}{7} \div \dfrac{8}{11} =$

$\qquad =$

$\qquad =$

⑥ $\dfrac{4}{9} \div \dfrac{6}{7} =$

$\qquad =$

$\qquad =$

分数のわり算 ⑨

分数÷分数（約分１回）

分数のわり算をかけ算に直して計算するとき、
約分できる場合は、約分します。

次の計算をしましょう。

① $\dfrac{1}{2} \div \dfrac{5}{6} = \dfrac{1}{2} \times \dfrac{6}{5}$

$= \dfrac{1 \times \cancel{6}^{3}}{\cancel{2}_{1} \times 5}$

$= \dfrac{3}{5}$

② $\dfrac{2}{3} \div \dfrac{7}{9} = \dfrac{2}{3} \times \dfrac{9}{7}$

$=$

$=$

③ $\dfrac{5}{8} \div \dfrac{3}{4} =$

$=$

$=$

④ $\dfrac{1}{6} \div \dfrac{3}{8} =$

$=$

$=$

分数のわり算 ⑩

分数÷分数（約分1回）

 次の計算をしましょう。

① $\dfrac{3}{4} \div \dfrac{5}{6} = \dfrac{3}{4} \times \dfrac{6}{5}$

$= \dfrac{3 \times \overset{3}{6}}{\underset{2}{4} \times 5}$

$= \dfrac{9}{10}$

② $\dfrac{3}{5} \div \dfrac{7}{10} = \dfrac{3}{5} \times \dfrac{10}{7}$

$=$

③ $\dfrac{5}{6} \div \dfrac{8}{9} =$

$=$

$=$

④ $\dfrac{2}{7} \div \dfrac{5}{7} =$

$=$

$=$

⑤ $\dfrac{1}{2} \div \dfrac{3}{4} =$

$=$

$=$

⑥ $\dfrac{3}{4} \div \dfrac{7}{8} =$

$=$

$=$

分数のわり算 ⑪
分数÷分数（約分２回）

分数のわり算をかけ算に直して計算するとき、約分できる場合は、約分します。２組の約分があります。

次の計算をしましょう。（答えは仮分数のままでよい。）

① $\dfrac{2}{3} \div \dfrac{8}{9} = \dfrac{2}{3} \times \dfrac{9}{8}$

$= \dfrac{\cancel{2} \times \cancel{9}^{3}}{\cancel{3} \times \cancel{8}_{4}}$

$= \dfrac{3}{4}$

② $\dfrac{5}{6} \div \dfrac{5}{12} = \dfrac{5}{6} \times \dfrac{12}{5}$

$=$

$=$

③ $\dfrac{3}{4} \div \dfrac{9}{10} =$

$=$

$=$

④ $\dfrac{3}{5} \div \dfrac{9}{10} =$

$=$

$=$

分数÷分数（約分2回）

 次の計算をしましょう。

① $\dfrac{2}{5} \div \dfrac{4}{5} = \dfrac{2}{5} \times \dfrac{5}{4}$

$= \dfrac{2 \times 5}{5 \times 4_2}$

$= \dfrac{1}{2}$

② $\dfrac{2}{7} \div \dfrac{6}{7} = \dfrac{2}{7} \times \dfrac{7}{6}$

$=$

$=$

③ $\dfrac{3}{8} \div \dfrac{9}{10} =$

$=$

$=$

④ $\dfrac{2}{9} \div \dfrac{4}{9} =$

$=$

$=$

⑤ $\dfrac{7}{10} \div \dfrac{7}{8} =$

$=$

$=$

⑥ $\dfrac{5}{12} \div \dfrac{5}{6} =$

$=$

$=$

分数のわり算 ⑬

整数÷分数

 次の計算をしましょう。（答えは仮分数のままでよい。）

① $3 \div \dfrac{4}{5} = \dfrac{3}{1} \times \dfrac{5}{4}$

$= \dfrac{3 \times 5}{1 \times 4}$

$= \dfrac{15}{4}$

> ・まず整数を、１を分母とする分数にします。
> ・÷分数を、分母と分子を入れかえて、かけ算にします。

② $4 \div \dfrac{6}{7} =$

$=$

$=$

③ $5 \div \dfrac{10}{7} =$

$=$

$=$

分数のわり算 ⑭
帯分数のわり算

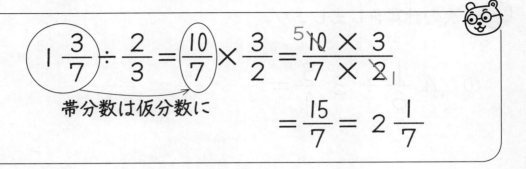

$$1\frac{3}{7} \div \frac{2}{3} = \frac{10}{7} \times \frac{3}{2} = \frac{\overset{5}{10} \times 3}{7 \times \underset{1}{2}}$$

帯分数は仮分数に

$$= \frac{15}{7} = 2\frac{1}{7}$$

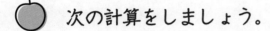 次の計算をしましょう。

① $1\frac{1}{11} \div \frac{8}{55} = \frac{12}{11} \times \frac{55}{8} = \frac{\overset{3}{12} \times \overset{5}{55}}{\underset{1}{11} \times \underset{2}{8}}$

$$= \frac{15}{2} = 7\frac{1}{2}$$

② $4\frac{1}{6} \div 1\frac{7}{8} = \qquad =$

$$=$$

③ $1\frac{2}{3} \div 2\frac{2}{9} = \qquad =$

$$=$$

月　　日 名前

分数のわり算 ⑮
帯分数のわり算

 次の計算をしましょう。

① $4\dfrac{1}{6} \div 3\dfrac{3}{4} = \dfrac{25}{6} \times \dfrac{4}{15} = \dfrac{\overset{5}{\cancel{25}} \times \overset{2}{\cancel{4}}}{\underset{3}{\cancel{6}} \times \cancel{15}_{3}}$

$= \dfrac{10}{9} = 1\dfrac{1}{9}$

② $\dfrac{15}{22} \div 1\dfrac{1}{4} = \qquad =$

$=$

③ $3\dfrac{3}{8} \div 2\dfrac{1}{4} = \qquad =$

$=$

④ $3\dfrac{1}{9} \div 2\dfrac{1}{3} = \qquad =$

$=$

60

文章題

① $\frac{2}{3}$dLのペンキで、$\frac{4}{9}$m²のかべをぬりました。このペンキ１dLでは、かべを何m²ぬることができますか。

式

答え _____

② 家から車で12km走りました。これは、行き先までの$\frac{3}{4}$にあたります。家から行き先まで何kmありますか。

式

答え _____

③ $\frac{2}{5}$mの重さが$\frac{3}{4}$kgの鉄の棒があります。

① この鉄の棒の１kgの長さは何mですか。

式

答え _____

② この鉄の棒の１mの重さは何kgですか。

式

答え _____

月　　日　名前

まとめ ⑦
分数のわり算

／50点

① 次の計算をしましょう。

（1つ6点／36点）

①　$\dfrac{3}{4} \div 3 =$

②　$6 \div \dfrac{2}{3} =$

③　$\dfrac{1}{3} \div \dfrac{7}{12} =$

④　$\dfrac{3}{5} \div \dfrac{9}{11} =$

⑤　$\dfrac{3}{8} \div \dfrac{9}{10} =$

⑥　$\dfrac{5}{6} \div \dfrac{5}{12} =$

② 商が大きくなる順に並べましょう。

（完答14点）

㋐　$5 \div \dfrac{6}{5}$　㋑　$5 \div \dfrac{5}{6}$　㋒　$5 \div \dfrac{1}{6}$　（　　→　　→　　）

月　　日　名前

まとめ ⑧
分数のわり算

/50点

① 底辺の長さが $\frac{2}{3}$ m で、面積が $\frac{8}{27}$ m² の平行四辺形があります。高さを求めましょう。　　　　(10点)

式

答え

② $\frac{2}{3}$ m の重さが $\frac{8}{9}$ kg の鉄の棒があります。この鉄の棒 1m の重さは何kgですか。　　　　(10点)

式

答え

③ 犬が好きな人は9人で、クラス全体の $\frac{3}{10}$ にあたります。クラスは何人いますか。　　　　(10点)

式

答え

④ $\frac{5}{6}$ dL のペンキで $\frac{4}{9}$ m² のかべをぬりました。

① このペンキ 1dL でぬれるかべは何m² ですか。　　　　(10点)

式

答え

② このかべ 1m² ぬるには何dLのペンキがいりますか。　　　　(10点)

式

答え

いろいろな分数 ①
時間と分数

① 何時間ですか。分数で表しましょう。

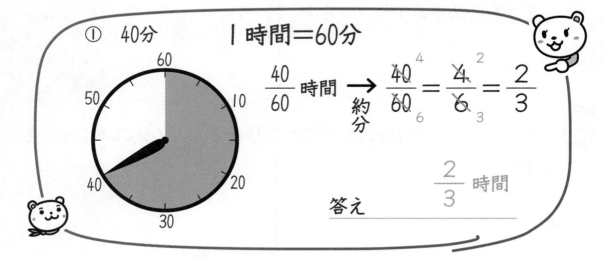

① 40分　　１時間＝60分

$\frac{40}{60}$ 時間 　→ 　$\frac{\overset{4}{\cancel{40}}}{\underset{6}{\cancel{60}}} = \frac{\overset{2}{\cancel{4}}}{\underset{3}{\cancel{6}}} = \frac{2}{3}$

約分

答え　$\frac{2}{3}$ 時間

② 30分＝$\frac{\boxed{}}{60}$ 時間

= $\frac{\boxed{}}{\boxed{}}$ 時間

③ 5分＝$\frac{\boxed{}}{60}$ 時間

= $\frac{\boxed{}}{\boxed{}}$ 時間

④ 15分＝$\frac{\boxed{}}{\boxed{}}$ 時間

= $\frac{\boxed{}}{\boxed{}}$ 時間

⑤ 10分＝$\frac{\boxed{}}{\boxed{}}$ 時間

= $\frac{\boxed{}}{\boxed{}}$ 時間

② 何分ですか。分数で表しましょう。

① 20秒＝$\frac{\boxed{}}{\boxed{}}$ 分

= $\frac{\boxed{}}{\boxed{}}$ 分

② 45秒＝$\frac{\boxed{}}{\boxed{}}$ 分

= $\frac{\boxed{}}{\boxed{}}$ 分

いろいろな分数 ②
時間と分数

 何分ですか。

① $\dfrac{3}{4}$ 時間　　$60 \times \dfrac{3}{4} = \dfrac{\overset{15}{60} \times 3}{1 \times \underset{1}{4}}$

$= 45$

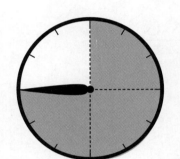

答え　　　　45分

② $\dfrac{1}{3}$ 時間　$\boxed{} \times \boxed{\dfrac{1}{3}} = \underline{}$

$=$ 　　　　（　　　　分）

③ $\dfrac{1}{2}$ 時間　$\boxed{} \times \dfrac{}{} =$

（　　　　分）

④ $\dfrac{1}{6}$ 時間　$\boxed{} \times \dfrac{}{} =$

（　　　　分）

⑤ $\dfrac{2}{5}$ 時間　$\boxed{} \times \dfrac{}{} =$

（　　　　分）

いろいろな分数 ③
３つの分数

 次の計算をしましょう。（答えは仮分数のままでよい。）

① $\dfrac{1}{3} \times \dfrac{1}{2} \div \dfrac{5}{6} = \dfrac{1}{3} \times \dfrac{1}{2} \times \dfrac{6}{5}$

$= \dfrac{1 \times 1 \times \overset{1}{\cancel{6}^{\scriptstyle 8}}}{\underset{1}{\cancel{3}} \times \underset{1}{\cancel{2}} \times 5}$

$= \dfrac{1}{5}$

② $\dfrac{5}{8} \div \dfrac{3}{4} \div \dfrac{5}{9} =$

$=$

$=$

③ $\dfrac{7}{4} \div 7 \times \dfrac{6}{5} =$

$=$

$=$

月　　日　名前

いろいろな分数 ④
３つの分数

 次の計算をしましょう。（答えは仮分数のままでよい。）

① $\dfrac{3}{5} \times \dfrac{5}{12} \div \dfrac{1}{2} =$

$=$

$=$

② $\dfrac{2}{7} \div \dfrac{4}{5} \times \dfrac{28}{5} =$

$=$

$=$

③ $\dfrac{7}{8} \times 3 \div \dfrac{3}{2} =$

$=$

$=$

いろいろな分数 ⑤
３つの分数

 次の計算をしましょう。

① $\dfrac{1}{2} \div \dfrac{3}{4} \div \dfrac{10}{9} =$

$=$

$=$

② $\dfrac{3}{8} \div \dfrac{5}{2} \times \dfrac{10}{9} =$

$=$

$=$

③ $\dfrac{10}{21} \times \dfrac{4}{5} \div \dfrac{6}{7} =$

$=$

$=$

いろいろな分数 ⑥
分数倍

① 白いテープの長さは $\frac{3}{8}$ m、赤いテープの長さは $\frac{3}{4}$ mです。

白いテープの長さは赤いテープ
の長さの何倍ですか。

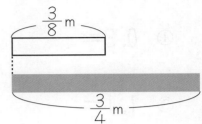

式

答え _____

★このように、赤いテープをもとにしたときの白いテープの長さを「白いテープは赤いテープの "何分の何"」ということができます。

 次の数は何倍ですか。分数で答えましょう。

① 250円は300円の何倍ですか。

式

答え _____

② $\frac{4}{3}$ Lは2Lの何倍ですか。

式

答え _____

小数・分数 ①

小数を分数に

① 次の小数を分数で表しましょう。

① 0.3=

② 0.1=

③ 1.1=

④ 1.3=

② 次の小数を分数で表しましょう。

① 0.2=

② 0.5=

③ 1.2=

④ 1.5=

③ 次の小数を分数で表しましょう。

① 0.03=

② 0.07=

③ 0.11=

④ 0.13=

⑤ 0.05=

⑥ 0.04=

⑦ 0.24=

⑧ 0.25=

小数・分数 ②
小数を分数に

$$0.4 \times \frac{2}{5} = \frac{4 \times \overset{1}{2}}{\underset{5}{10} \times 5}$$

←0.4を分数に直す。
約分できるものは
約分する。

$$= \frac{4}{25}$$

次の計算をしましょう。

① $0.9 \times \dfrac{2}{3} =$

＝

② $\dfrac{1}{2} \times 0.6 =$

＝

③ $3.6 \times \dfrac{1}{6} =$

＝

④ $\dfrac{1}{8} \times 4.8 =$

＝

⑤ $0.7 \div \dfrac{7}{2} =$

＝

⑥ $\dfrac{2}{5} \div 0.4 =$

＝

小数・分数 ③

小数の混じった計算

 次の計算をしましょう。（答えは仮分数のままでよい。）

① $\dfrac{1}{3} \div 0.7 \times \dfrac{8}{5} = \dfrac{1}{3} \times \dfrac{10}{7} \times \dfrac{8}{5}$

$\qquad\qquad = \dfrac{1 \times \overset{2}{\cancel{10}} \times 8}{3 \times 7 \times \cancel{5}_{1}}$

$\qquad\qquad =$

② $0.6 \times \dfrac{2}{5} \div \dfrac{7}{15} =$

$\qquad\qquad =$

$\qquad\qquad =$

③ $\dfrac{3}{5} \times \dfrac{5}{6} \div 0.4 =$

$\qquad\qquad =$

$\qquad\qquad =$

小数・分数 ④

小数の混じった計算

 次の計算をしましょう。

① $0.3 \div \dfrac{7}{10} \div \dfrac{3}{4} =$

$=$

$=$

② $\dfrac{3}{7} \times \dfrac{7}{9} \div 0.5 =$

$=$

$=$

③ $\dfrac{9}{8} \times 0.2 \div \dfrac{3}{5} =$

$=$

$=$

月　　日 名前

小数・分数 ⑤

小数の混じった計算

 次の計算をしましょう。

① $\dfrac{2}{3} \div \dfrac{4}{5} \times 0.3 =$

$=$

$=$

② $0.1 \div \dfrac{3}{5} \div \dfrac{7}{6} =$

$=$

$=$

③ $\dfrac{7}{8} \times \dfrac{12}{7} \times 0.6 =$

$=$

$=$

小数・分数 ⑥
小数の混じった計算

 次の計算をしましょう。

① $\dfrac{2}{5} \div 0.8 \times \dfrac{8}{15} =$

$=$

$=$

② $\dfrac{3}{5} \times \dfrac{3}{4} \div 0.9 =$

$=$

$=$

③ $1.2 \div \dfrac{7}{3} \div \dfrac{6}{7} =$

$=$

$=$

まとめ ⑨
いろいろな分数

/50
点

① 次の時間を分数で表しましょう。

（1つ5点／10点）

① 15分＝——時間　　　② 40秒＝——分

② 次の時間を整数で表しましょう。

（1つ5点／10点）

① $\dfrac{5}{6}$時間＝　　　分　　　② $\dfrac{1}{3}$分＝　　　秒

③ $\dfrac{4}{7}$は$\dfrac{2}{9}$の何倍ですか。

（10点）

式

答え ＿＿＿＿＿＿＿＿＿＿＿＿＿

④ 次の計算をしましょう。

（1つ10点／20点）

① $\dfrac{3}{4} \div \dfrac{15}{2} \times \dfrac{6}{7} =$

② $\dfrac{3}{8} \times \dfrac{4}{11} \div \dfrac{3}{14} =$

まとめ ⑩
小数・分数

/50点

 ① 次の小数を分数で表しましょう。 （1つ5点／20点）

① 0.3＝

② 1.4＝

③ 0.07＝

④ 0.25＝

② 次の計算をしましょう。（答えは仮分数のままでよい。）（1つ10点／30点）

① $0.7 \times \dfrac{2}{3} \times \dfrac{6}{7} =$

② $\dfrac{5}{8} \times 1.5 \div \dfrac{3}{4} =$

③ $\dfrac{6}{7} \times \dfrac{7}{8} \div 0.6 =$

77

月　　日 名前

場合の数 ①
並べ方

① 6年1組は、3人1チームでリレーをしました。各チームで走る順番をいろいろ考えました。A、B、Cの走る順番を、ぬけ落ちや重なりがないよう、全部かき出しましょう。

第1走者	第2走者	第3走者
A	B	C
A	C	B
B	A	C
B	C	
C		
C		

① 空らんをうめましょう。

② Aさんが第1走者になる順番は何通りありますか。

（　　　　　）

③ Bさんが第1走者になる順番は何通りありますか。

（　　　　　）

④ Cさんが第1走者になる順番は何通りありますか。

（　　　　　）

⑤ 全部で何通りありますか。　（　　　　　）

② 5、6、7の3つの数字を使って、3けたの数をつくります。小さい順に全部かき出しましょう。

（　　　　　　　　　　　　　　　　　　　　）

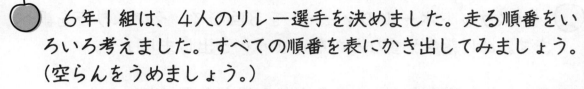

場合の数 ②
並べ方

6年1組は、4人のリレー選手を決めました。走る順番をいろいろ考えました。すべての順番を表にかき出してみましょう。（空らんをうめましょう。）

第1走者	第2走者	第3走者	第4走者
A	B	C	D
A	B	D	
A	C	D	
A	C		
A	D	B	C
A	D		
B	C	D	A
B	C	A	
B	D		
B	D		
B	A		
B	A		
C	D	A	B
C	D		
C	A		
C	A		
C			
C			
D	A	B	C
D			
D			
D			
D			
D			

① Aさんが第1走者になる順番は何通りありますか。

（　　　　　）

② Bさんが第1走者になる順番は何通りありますか。

（　　　　　）

③ Cさんが第1走者になる順番は何通りありますか。

（　　　　　）

④ Dさんが第1走者になる順番は何通りありますか。

（　　　　　）

⑤ 全部で何通りありますか。

（　　　　　）

場合の数 ③
並べ方

バスケットボールのシュートを３回して、その入り方を調べます。ぬけ落ちや重なりがないようかき出しましょう。

① 入った場合を１、入らなかった場合を０で表します。
１回目が入った場合を図に表しましょう。

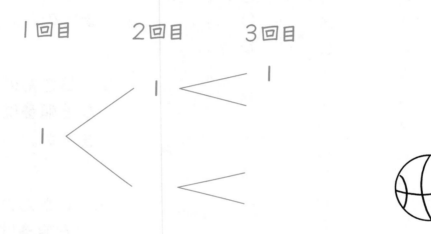

② １回目が入らなかった場合を①のように図に表しましょう。

１回目　　2回目　　3回目

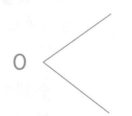

③ 全部で何通りの入り方がありますか。　　（　　　　　　　）

場合の数 ④
並べ方

① おばさんの家は、山川駅のそばにあります。家から海田駅、山川駅を通っておばさんの家へ行く方法は何通りありますか。

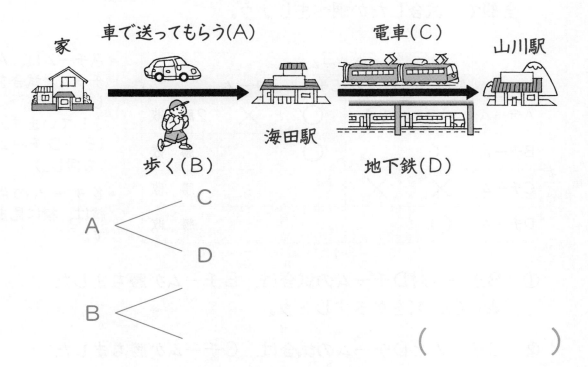

（　　　　　　）

② Aさんとおさんが数字カードを使って、2けたの数をつくります。Aさんのカードは1、3、5で、十の位におきます。Bさんのカードは2、4、6で、1の位におきます。できる数を全部かきましょう。また、数は何通りできますか。

| 1 | 3 | 5 |

| 2 | 4 | 6 |

できる数　　　　　　　　　　　　　　何通り

（　　　　　　　　　　　　）（　　　　　）

月　　日 名前

場合の数 ⑤
組み合わせ

① 6年1組は、体育の時間に、4チームでミニサッカーの試合をすることにしました。どのチームとも1回試合をします。
　全部で何試合したか調べましょう。

	対戦チーム				成　績
	Aチーム	Bチーム	Cチーム	Dチーム	
Aチーム		○	○	×	2勝1敗
Bチーム	×		○		勝　敗
Cチーム	×	×			勝　敗
Dチーム	○				勝　敗

・Aチームは、Aチームと試合をしないので＼をしています。（B〜Dチームも同じ。）

・各チームの成績は、横に見ます。

① Bチーム対Dチームの試合は、Bチームが勝ちました。表に○、×をかきましょう。

② CチームとDチームの試合は、Cチームが勝ちました。表に○、×をかきましょう。

③ 各チームの成績をかきましょう。

④ 全部で何試合しましたか。　　　　　（　　　　　　　）

② 5チームをつくって、どのチームとも1回試合をすることにすると、全部で何試合しますか。

（　　　　　　　）

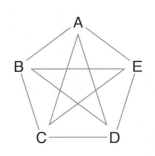

場合の数 ⑥
組み合わせ

① 6種類のこう貨が1枚ずつあります。2枚とったとき、どんな金額になるかを表にまとめましょう。

	1円	5円	10円	50円	100円	500円
1円						
5円						
10円						
50円						
100円						
500円						

何通りの金額ができますか。　　　　　　　（　　　　　　　）

② みつおさんとたろうさんがじゃんけんをしました。どんな組み合わせがあるか調べましょう。

		たろう		
		グー	チョキ	パー
みつお	グー			
	チョキ			
	パー			

① みつおさんが勝つときは〇、負けるときは✕、あいこになるときは△を表にかき入れましょう。

② 何通りの組み合わせがありますか。

（　　　　　　　）

場合の数 ⑦

いろいろな問題

カードの中から2枚を取り出して並べて、2けたの整数をつくります。何通りの整数ができますか。
　できる整数を □ に全部かきましょう。

①
2 4 の2枚

答え _____

②
2 4 5 の3枚

答え _____

③
2 4 5 9 の4枚

答え _____

④
2 4 5 0 の4枚

02や04などは、
2けたの数では
ないよ。

答え _____

いろいろな問題

5人の中から2人の係を選びます。

① 音楽係と図書係の選び方は何通りありますか。

5人をA、B、C、D、Eとすると

（音）　　（図）

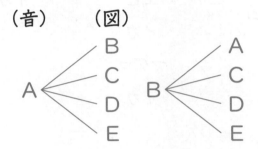

答え _____

② 体育係2人の選び方は何通りありますか。

（体）　（体）

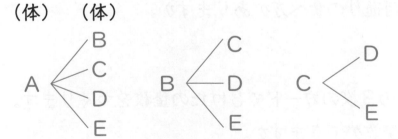

答え _____

係がちがう選び方は「並び方」、同じ係の選び方は「組み合わせ方」と区別して考えましょう。

まとめテスト

まとめ ⑪
場合の数
/50点

 ① サーモン、マグロ、エビ、イカの4種類のにぎりずしがあります。食べる順番を考えます。

① 図を完成させましょう。 (完答10点)

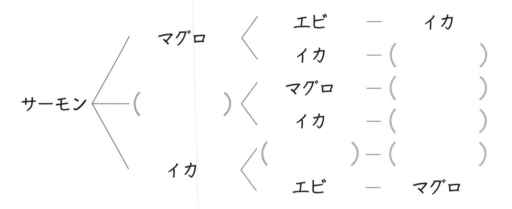

```
                        エビ  ー  イカ
            マグロ  <   イカ  ー (      )
                        マグロ ー (      )
サーモン<  (      ) <   イカ  ー (      )
                      (      ) ー (      )
            イカ   <   エビ  ー  マグロ
```

② マグロを最初に食べる順番は何通りですか。 (10点)

(   )

③ 全部で何通りの食べ方がありますか。 (10点)

(   )

② ①②③の3枚のカードで3けたの整数をつくります。何通りの整数ができますか。 (10点)

```
1 < 2 ー 3
    3 ー 2
```

(   )

③ コインを続けて2回投げます。表と裏の出方は全部で何通りですか。 (10点)

```
表 < 表
      裏
```

(   )

月　日　名前

まとめ ⑫
場合の数

/50点

① 赤、青、黄、緑、4色の色紙から2色選びます。

① 図を完成させましょう。 （完答10点）

② 全部で何通りの選び方がありますか。 （5点）

（　　　　　　　）

② 家から公園を通って本屋に行きます。行き方は何通りありますか。 （20点）

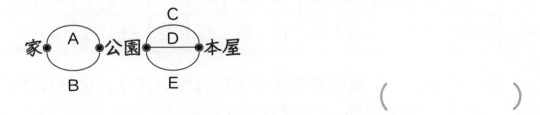

（　　　　　　　）

③ 5種類のケーキから4種類のケーキを選ぶ組み合わせを考えます。（　　）にあてはまる数をかきましょう。 （各5点／15点）

① 5種類から4種類を選ぶことは、残りの（　　　　　）種類を選ばないことと同じです。

② 5種類から1種類を選ばない組み合わせは（　　　　　）通りです。

③ したがって、5種類から4種類を選ぶ組み合わせは（　　　　　）通りです。

資料の調べ方 ①
代表値

データ（資料）の特ちょうやようすを表すときに、
平均値、最ひん値、中央値が使われます。

これらの値のようにそのデータを代表する値を代表値といいます。

平 均 値…データの合計を、その個数でわった平均の値。

最ひん値…データの中で最も多く出てくる値。

中 央 値…データを大きさの順に並べたときの真ん中の値。

 表は1組と2組のソフトボール投げの記録です。

ソフトボール投げの記録（m）

番号	1	2	3	4	5	6	7	8	9	10	11	12	合計
1組	25	12	28	26	25	27	23	30	27	27	38	30	318
2組	32	23	26	16	19	33	15	32	33	25	32	―	286

① 合計は、1組の方が大きくなっています。合計だけで1組の方が成績がよいといえますか。

(　　　　　　　　　　　　)

② 各組の平均を出しましょう。

1組 (　　　　　　　　)、 2組 (　　　　　　　　)

③ 一番遠くまで投げた人は、何組で何mですか。

(　　　　,　　　　)

④ 一番短い記録の人は、何組で何mですか。

(　　　　,　　　　)

88

資料の調べ方 ②
ちらばりのようす

🍎　左の「ソフトボール投げ」の記録のちらばりのようすを調べましょう。

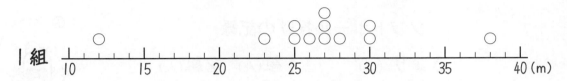

1組

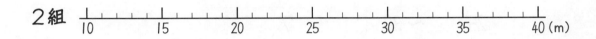

2組

① 　2組の記録を、1組のようにドットプロットで表しましょう。

② 　1組、2組の記録は、それぞれ何m以上何m未満のはん囲にちらばっていますか。

1組　（　　　　　）m以上　（　　　　　）m未満

2組　（　　　　　）m以上　（　　　　　）m未満

③ 　1組、2組の最ひん値を求めましょう。

1組—最ひん値　（　　　　　　　m）

2組—最ひん値　（　　　　　　　m）

平均の数値と、たくさんの数値が集まっているところ（最ひん値）は、同じととらえてはいけないことがわかります。

資料の調べ方 ③
度数分布表

45ページの「ソフトボール投げの記録」の表を、5mごとに区切った表に整理して考えます。

ソフトボール投げの記録

きょり (m)	1組(人)	2組(人)
10 以上 ～ 15 未満	1	
15 ～ 20	0	
20 ～ 25	1	
25 ～ 30	7	
30 ～ 35	2	
35 ～ 40	1	
合　　計	12	

① 2組の記録を、度数分布表に整理しましょう。

② 人数が一番多い階級は、どこですか。

1組 (　　　m以上～　　　m未満)

2組 (　　　m以上～　　　m未満)

③ 前ページのドットプロットから1組、2組の中央値を求めましょう。

1組—中央値 (　　　　　　　　)

2組—中央値 (　　　　　　　　)

資料の調べ方 ④
度数分布表

左のページの表を見て答えましょう。

① 30ｍ以上投げた人が多い組はどちらですか。

（　　　　　　　　　）

② 20ｍ未満の記録の人が多い組はどちらですか。

（　　　　　　　　　）

③ かずおさんは、１組で３番目に遠くまで投げました。かずおさんの記録は、どの階級ですか。

（　　　　〜　　　　）

④ たかしさんは、２組で５番目に遠くまで投げました。たかしさんの記録は、どの階級ですか。

（　　　　〜　　　　）

⑤ とおるさんは、１組できょりの近い方から３番目でした。とおるさんの記録は、どの階級ですか。

（　　　　〜　　　　）

　　データを整理するときに、10ｍ以上15ｍ未満のような区間に区切って整理した表を度数分布表といいます。このときの区間のことを階級といい、それぞれの階級に入るデータの個数を度数といいます。

資料の調べ方 ⑤
柱状グラフ

表をもとにグラフをつくります。〈グラフのかき方〉

ソフトボール投げ

きょり（m）	1組(人)
10以上～15未満	1
15　～20	0
20　～25	1
25　～30	7
30　～35	2
35　～40	1
合　　計	12

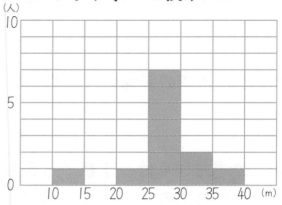

ソフトボール投げ（1組）

横軸に投げたきょり、縦軸に人数をかきます。

> きょりのはん囲を横、人数を縦に、柱のように長方形をかきます。このようなグラフを柱状グラフといいます。

 2組の記録をもとに、柱状グラフをかきましょう。

ソフトボール投げ

きょり（m）	2組(人)
10以上～15未満	0
15　～20	3
20　～25	1
25　～30	2
30　～35	5
35　～40	0
合　　計	11

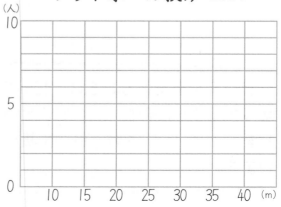

ソフトボール投げ（2組）

🍎　柱状グラフを見て答えましょう。

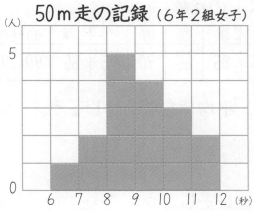

50m走の記録 (6年2組女子)

① 6年2組の女子は何人ですか。（　　　　　　）

② 人数が一番多い区切りはどこですか。

（　　　　秒以上　　　　秒未満）

③ ②の区切りに、2組女子の50m走の平均の値があると考えてもよいですか。
（　　　　　　　）

④ 中央値は、どの階級ですか。

（　　　　秒以上　　　　秒未満）

⑤ 8秒未満で走る人は何人いますか。

（　　　　　　　）

⑥ 6年2組女子全員の50m走の記録は、どのはん囲に入りますか。

（　　　秒以上　　　秒未満）

月　日　名前

まとめ ⑬
資料の調べ方

/50点

 表は算数テストの点数です。

算数テストの点数

番号	①	②	③	④	⑤	⑥	⑦	⑧	⑨	⑩	⑪	合計
点数（点）	80	90	75	95	75	85	65	90	95	85	90	925

① 小数第2位を四捨五入して、平均値を求めましょう。　(10点)

式

答え

② データをドットプロットで表しましょう。　(10点)

③ データを度数分布表にまとめて柱状グラフに表しましょう。

（表10点、グラフ10点／20点）

算数テストの点数

階級（点）	度数（人）
65以上〜70未満	
70　〜75	
75　〜80	
80　〜85	
85　〜90	
90　〜95	
95　〜100	
合　計	

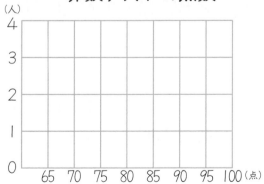

算数テストの点数

④ 最ひん値と中央値を求めましょう。　（1つ5点／10点）

最ひん値（　　　　　　）　　中央値（　　　　　　）

月　　日 名前

まとめ ⑭
資料の調べ方

/50 点

 データはある日の1組の読書時間です。

1組の読書時間

番号	①	②	③	④	⑤	⑥	⑦	⑧	⑨	合計
時間（分）	0	20	10	20	35	0	15	20	15	135

① 平均値を求めましょう。　　　　　　　　　　　　　　　　（10点）

式

答え _____

② データをドットプロットで表しましょう。　　　　　　　　（10点）

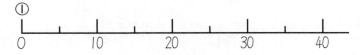

③ データを度数分布表にまとめて柱状グラフに表しましょう。

（表10点、グラフ10点／20点）

1組の読書時間

階級（点）	度数(人)
0 以上〜5 未満	
5 〜10	
10 〜15	
15 〜20	
20 〜25	
25 〜30	
30 〜35	
35 〜40	
合　計	

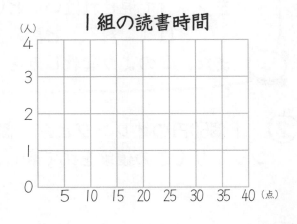

④ 最ひん値と中央値を求めましょう。　　　　　　　　（1つ5点／10点）

最ひん値（　　　　　　　　）　　　中央値　（　　　　　　　　）

比 ①
比をつくる

① す小さじ2はいとサラダ油小さじ3ばいを混ぜて、ドレッシングをつくりました。おいしかったので、たくさんつくろうと思います。

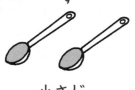

す　　　　　　　　サラダ油

小さじ

• すを大さじ2はい入れました。サラダ油は、大さじ何ばい入れればよいですか。

す　　　　　サラダ油

大さじ　　　　　　　大さじ　　　　　　答え _____

おいしいドレッシングをつくるには、すとサラダ油を2：3で混ぜればいいといいます。
2：3は「二対三」と読みます。
また、このような表し方を 比 といいます。

② 1個50円のオレンジと、1個70円のりんごがあります。オレンジとりんごの値段(ねだん)を比で表しましょう。

答え 50：70

③ 西小学校の5年生は65人、6年生は80人です。5年生と6年生の人数を比で表しましょう。

答え _____

月　　日 名前

比 ②
比の値

① 1個160gのなしと、1個80gのみかんがあります。なしとみかんの重さを比で表しましょう。

答え　　160：80

② 縦の長さが80cm、横の長さが120cmの旗があります。縦と横の長さを比で表しましょう。

答え　　　　　　　　　　　

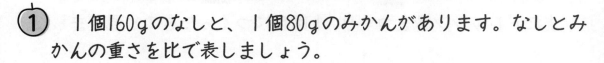

a：b で表される比で、bを1と見たときにaが、bの何倍にあたるかを表した数を比の値といいます。
a：b の比の値は a÷b の商です。a：b＝a÷b＝$\frac{a}{b}$

③ 次の比の値を求めましょう。（約分できるものはします）

① 3：5＝

② 4：7＝

③ 5：10＝

④ 8：12＝

⑤ 4：1＝

⑥ 9：3＝

⑦ 16：12＝

⑧ 18：12＝

比 ③
等しい比

またドレッシングをつくり、1回目につくったものと混ぜました。

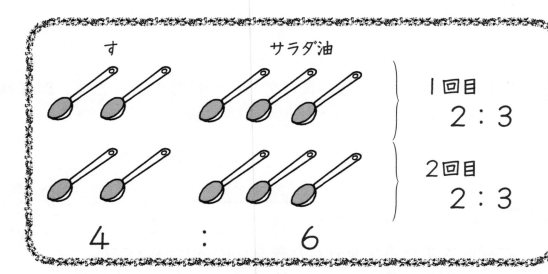

2つの比が同じ割合（わりあい）を表しているとき、
2つの比は等しいといいます。

$$2 : 3 = 4 : 6$$

● 2：3と同じ比をつくる。2：3の2、3に同じ数をかけます。

①　2を2倍（×2）して4

②　3を2倍（×2）して6

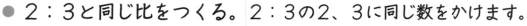

等しい比をつくりましょう。

①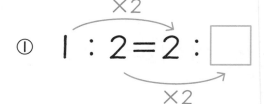

②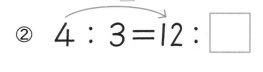

比 ④
等しい比

① 等しい比をつくりましょう。

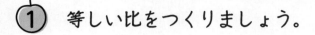

① $3:7=9:\boxed{}$　　② $5:9=25:\boxed{}$

② 等しい比をつくりましょう。

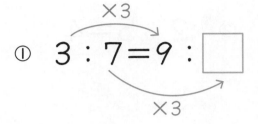

① $2:5=\boxed{}:10$　　② $5:8=\boxed{}:64$

③ $3:8=\boxed{}:48$　　④ $9:7=\boxed{}:49$

③ □にあてはまる数を求めましょう。

① $6:7=36:\boxed{}$　　② $3:10=9:\boxed{}$

③ $5:9=\boxed{}:45$　　④ $2:7=\boxed{}:56$

⑤ $0.1:0.3=1:\boxed{}$　　⑥ $0.2:0.5=2:\boxed{}$

比 ⑤
等しい比（かける）

 等しい比をつくりましょう。

① $2 : 3 = 4 : \boxed{}$　　② $2 : 5 = 4 : \boxed{}$

③ $2 : 3 = 6 : \boxed{}$　　④ $2 : 5 = 8 : \boxed{}$

⑤ $3 : 7 = 9 : \boxed{}$　　⑥ $8 : 9 = 64 : \boxed{}$

⑦ $4 : 5 = \boxed{} : 25$　　⑧ $6 : 8 = \boxed{} : 56$

⑨ $9 : 3 = \boxed{} : 21$　　⑩ $3 : 4 = \boxed{} : 36$

比 ⑥
等しい比（わる）

す小さじ6ぱいとサラダ油小さじ9はいでドレッシングをつくりました。小さじ3ばい分で、大さじ1ぱいです。小さじの比6：9を大さじで表すと、2：3になります。

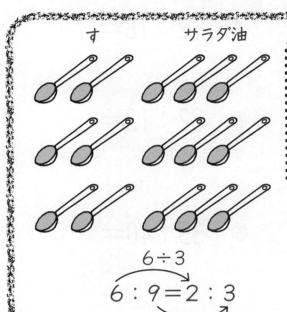

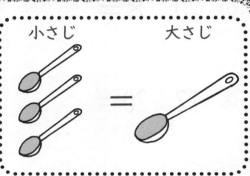

左のドレッシングを大さじで表すと、2：3になります。

6：9＝2：3

で等しい比になります。

等しい比をつくるには、比の両方の数に同じ数をかけます。また、比の両方の数を同じ数でわっても、等しい比ができます。

同じ数でわって、等しい比をつくりましょう。

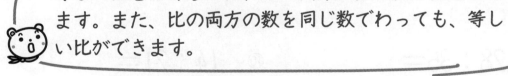

① 4：6＝2：3　　② 6：9＝　：

③ 8：14＝　：　　④ 15：21＝　：

月　　日　名前

比 ⑦
等しい比（わる）

 次の数でわって、等しい比をつくりましょう。

（4でわる）

① 20 : 8 ＝   ② 12 : 16 ＝

③ 12 : 20 ＝   ④ 32 : 12 ＝

（5でわる）

⑤ 15 : 25 ＝   ⑥ 35 : 40 ＝

（6でわる）

⑦ 24 : 30 ＝   ⑧ 18 : 42 ＝

（7でわる）

⑨ 28 : 35 ＝   ⑩ 14 : 21 ＝

（9でわる）

⑪ 36 : 27 ＝   ⑫ 45 : 36 ＝

比 ⑧
等しい比（わる）

 等しい比をつくりましょう。

① $\overset{\div 5}{10 : 5} = 2 : \boxed{}$
　　　$\underset{\div \boxed{}}{}$

② $\overset{\div 6}{18 : 24} = 3 : \boxed{}$
　　　$\underset{\div \boxed{}}{}$

③ $9 : 6 = 3 : \boxed{}$

④ $4 : 12 = 1 : \boxed{}$

⑤ $15 : 45 = 3 : \boxed{}$

⑥ $18 : 24 = 3 : \boxed{}$

⑦ $12 : 8 = \boxed{} : 4$

⑧ $56 : 72 = \boxed{} : 9$

⑨ $81 : 27 = \boxed{} : 3$

⑩ $49 : 14 = \boxed{} : 2$

比 ⑨
文章題

① まさおさんの学校園では、野菜畑の面積と花畑の面積の比が 5：3です。野菜畑の面積を10m²とすると、花畑の面積は何m²ですか。

式　5：3＝10：□

答え＿＿＿＿＿＿＿＿＿

② 山下さんと林さんが色紙を持っています。その枚数(まいすう)の比は 4：5です。山下さんの持っている色紙は20枚です。林さんの持っている色紙は何枚ですか。

式

答え＿＿＿＿＿＿＿＿＿

③ りんごとなしの値段(ねだん)の比は2：3です。りんごの値段を100円とすると、なしの値段はいくらですか。

式

答え＿＿＿＿＿＿＿＿＿

④ 村上さんの学校の図書館にある歴史の本と科学の本をあわせると800冊(さつ)あります。歴史と科学の比は、3：5です。科学の本は何冊ですか。

式

答え＿＿＿＿＿＿＿＿＿

比 ⑩
文章題

① 　ひろしさんの学校の6年生と5年生の人数の比は4：5です。5年生は100人です。6年生は何人ですか。

式

答え_____

② 　縦の長さと横の長さの比が7：10の旗をつくります。横の長さを80cmにすると、縦の長さは何cmになりますか。

式

答え_____

③ 　赤いリボンと青いリボンの長さの比は、4：7です。青いリボンが42cmのとき、赤いリボンは何cmですか。

式

答え_____

④ 　コーヒーと牛乳を3：4の比で混ぜて、コーヒー牛乳をつくります。コーヒー牛乳が140mLできました。
　牛乳は何mL使いましたか。

式

答え_____

月　　日　名前

まとめ ⑮
比

/50点

① 比の値を求めましょう。　　　　　　　　　　　　　（1つ5点／20点）

① 4：7（　　　　）　　② 8：3（　　　　）

③ 6：9（　　　　）　　④ 10：5（　　　　）

② □にあてはまる数をかきましょう。　　　　　　　　（1つ5点／20点）

① 5：3＝□：9　　② 30：20＝□：4

③ 4：0.8＝5：□　　④ 1.2：1.8＝4：□

③ 4：3に等しい比を下から選び、記号をかきましょう。（完答10点）

㋐ 3：4　　　　　　　　㋑ $\dfrac{6}{15}：\dfrac{6}{20}$

㋒ $\dfrac{1}{4}：\dfrac{1}{3}$　　　　　　㋓ 10：6

㋔ 12：9　　　　　　　㋕ 16：9

（　　　　　　）

まとめテスト　月　日 名前

まとめ ⑯
比

/50点

1 次の比を簡単(かんたん)にしましょう。 (1つ5点／20点)

① 12：18＝　　② 40：60＝

③ 1.6：2.4＝　　④ $\frac{1}{2}:\frac{1}{3}=$

2 縦(たて)と横の比が3：4の長方形をつくります。縦の長さを15cmとすると横の長さは何cmにすればいいですか。 (10点)

式

答え

3 5年生と6年生の人数の比は5：6です。5年生と6年生の人数の合計は220人です。5年生と6年生の人数はそれぞれ何人ですか。 (10点)

式

答え

4 120枚(まい)の色紙を姉とわたしが7：5になるように分けます。姉とわたしの色紙の枚数はそれぞれ何枚ですか。 (10点)

式

答え

比例と反比例 ①
比例とは

次の表は、空の水そうに水を入れたときの水の量 x L と、水の深さ y cm の関係を表したものです。

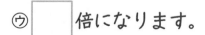

水 の 量 x(L)	1	2	3	4	5	6	7	8	9	10
水の深さ y(cm)	3	6	9	12	15	18	21	24	27	30

ア□倍
イ□倍
ウ□倍

水の量 x が2倍、3倍、4倍になると、それに対応する水の深さ y も ⑦ □ 倍、⑦ □ 倍、

⑦ □ 倍になります。

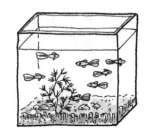

　　2つの量 x と y があって、x の値が2倍、3倍、…
…になると、それに対応する y の値も2倍、3倍、…
…になるとき、y は x に比例するといいます。
　　水そうの水の深さは、入れた水の量に比例しています。

月　　日 名前

比例と反比例 ②
比例とは

 下の表をしあげましょう。

① 正方形の1辺の長さ x cm と、周りの長さ y cm は比例します。

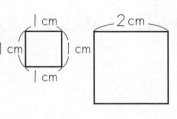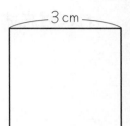

1辺の長さ x(cm)	1	2	3	4	5
周りの長さ y(cm)	4				

② 1mあたり2kgの鉄の棒（ぼう）があります。鉄の棒の長さ x m とその重さ y kgは比例します。

鉄の棒の長さ　x(m)	1	2	3	4	5
鉄の棒の重さ　y(kg)					

③ 1冊（さつ）120円のノートを買うときの冊数 x とその代金 y は、比例します。

冊　数　x(冊)	1	2	3	4	5
代　金　y(円)					

月　　日 名前

比例と反比例 ③
比例の性質

① 表の x と y は比例しています。x が $\frac{1}{2}$、$\frac{1}{3}$ になると、それに対応する y は、どのように変わっていきますか。

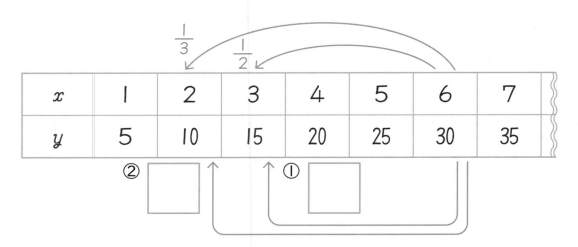

x	1	2	3	4	5	6	7
y	5	10	15	20	25	30	35

② □　　　① □

比例する2つの量は、1つの量の値が、$\frac{1}{2}$、$\frac{1}{3}$、……になると

それに対応する量の値も、 □ 、 □ 、……になります。

② 表の x と y は比例します。あいているらんに、数を入れましょう。

①

x	1	2	3	4	5	6
y	4			16	20	24

②

x	2	4	6	8	10	12
y				24	30	36

110

比例と反比例 ④
比例の式

 水そうに水を入れたときの水の量と水の深さの表です。

① 水の量 x の値を何倍すると、水の深さ y の値になりますか。

水 の 量 x（L）	1	2	3	4	5	6	7	8	9
水の深さ y（cm）	3	6	9	12	15	18	21	24	27

$$1 \times (\quad) = 3$$
$$2 \times (\quad) = 6$$

$$\vdots$$
$$x \times (\quad) = y$$

② 水の深さ y を、そのときの水の量 x でわると、どうなりますか。

水 の 量 x（L）	1	2	3	4	5	6	7	8	9
水の深さ y（cm）	3	6	9	12	15	18	21	24	27

$$3 \div 1 = (\quad)$$
$$6 \div 2 = (\quad)$$
$$9 \div 3 = (\quad)$$

$$y \div x = (\quad)$$

y が x に比例するとき、x と y の関係は

$$y = \boxed{決まった数} \times x$$

という式に表すことができます。

比例と反比例 ⑤
比例のグラフ

次の表は、空の水そうに水を入れたときのようすを表しています。決まった量の水を x 分間入れたときの水の深さは y cmになりました。この x と y の値の組を、グラフに表しましょう。

時　間 x（分）	0	1	2	3	4	5	6
深　さ y（cm）	0	2	4	6	8	10	12

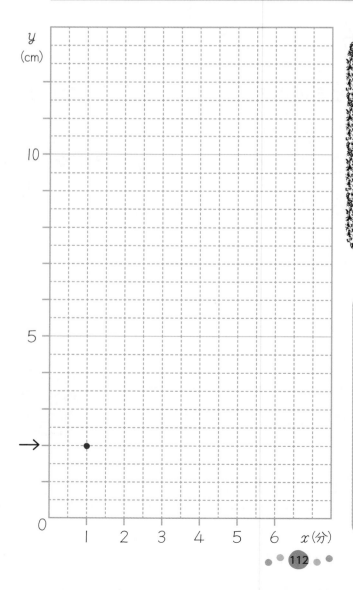

グラフにするとき

① 横軸と縦軸をかく。

② 横軸と縦軸の交わった点が0。

③ 横軸に x、縦軸に y の値をそれぞれ1、2、3…とめもる。

かき方

x が1のとき、y が2だからその点に・をつける。

同じようにして、x が2、3…のときの点をつける。

その点を線で結ぶ。

月　　　日　名前

比例と反比例 ⑥
比例のグラフ

1mあたり3kgの金属棒があります。次の表は、金属棒の長さ x mと、その重さ y kgの関係を表しています。

このxとyの値の組を、グラフに表しましょう。

長さ x　（m）	0	1	2	3	4	5
重さ y　（kg）	0	3	6	9	12	15

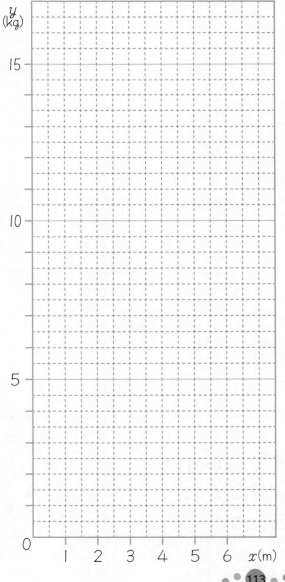

比例する2つの量の関係をグラフにすると、グラフは、0の点を通る直線になります。

113

比例と反比例 ⑦

比例のグラフ

表は、1mあたり0.8kgの金属棒の長さと重さの関係を表しています。この関係をグラフに表しましょう。

長さ x （m）	1	5	10	15
重さ y （kg）	0.8	4	8	12

金属棒の長さと重さ

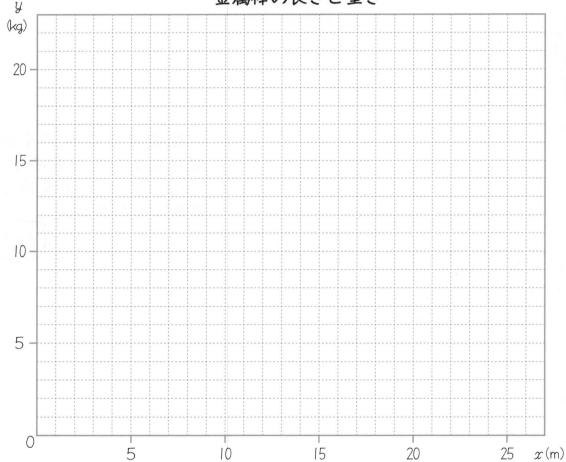

① でき上がったグラフを見て、20kgのときの金属棒の長さを求めましょう。　（　　　　　）

② グラフを見て、金属棒20mのときの重さを求めましょう。　（　　　　　）

比例と反比例 ⑧

比例のグラフ

① 次の2つの量は比例しています。2つの量の関係を、xとyを使って式に表しましょう。

① 1mあたりの重さが80gの針金の長さ（x）と重さ（y）

$$\boxed{} = 80 \times \boxed{}$$

② 1個150円のりんごを買ったときの個数（x）と代金（y）

$$\boxed{} = \boxed{} \times \boxed{}$$

③ 円周の長さ（y）と直径（x）の関係

$$\boxed{} = 3.14 \times \boxed{}$$

② 水そうに水を入れる時間と、水の深さの関係をグラフに表しましょう。

時　　間 x（分）	1	2	3	4	5	6
水の深さ y（cm）	0.5	1	1.5	2	2.5	3

水を入れる時間と深さの関係

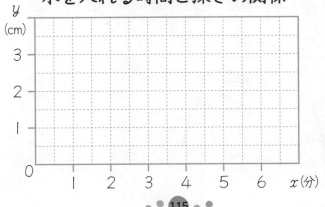

比例と反比例 ⑨
文章題

次の表をしあげましょう。また、2つの量が比例するものには○を、そうでないものには×を（　　）にかきましょう。

① 正三角形の1辺の長さ x cmと、
まわりの長さ y cm

（　　）

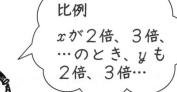

比例
x が2倍、3倍、…のとき、y も2倍、3倍…

1辺の長さ　x(cm)	1	2	3	4	5	6
まわりの長さ y(cm)	3	6				

② 重さ0.5kgの水とうに水を入れるとき、水の量 x dL と全体の重さ y kg（水1dLの重さは0.1kg）

（　　）

水 の 量　　x(dL)	0	1	2	3	4	5
全体の重さ　y(kg)	0.5	0.6	0.7			

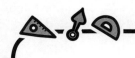

① ともなって変わる2つの量が、比例しているものに○をつけましょう。

①　1Lあたり160円のガソリンを買ったときの
ガソリンの量と値段。　　　　　　　　　　　（　　）

②　200gのコップに1dLあたり103gの牛乳を
入れたときの牛乳の量と全体の重さ。　　　　（　　）

③　時速60kmの自動車の走った時間と走った道のり。

（　　）

④　人間の年令と身長。

（　　）

② 3枚14gの紙があります。紙の重さは枚数に比例すると考えて次の問題に答えましょう。

①　紙60枚の重さは何gですか。

式

答え＿＿＿＿＿＿＿＿＿＿

②　紙の束の重さをはかったら700gありました。紙の束は何枚ありますか。

式

答え＿＿＿＿＿＿＿＿＿＿

比例と反比例 ⑪
反比例とは

面積が12cm²になる長方形を
かきました。

① 縦、横の長さがどのように変わっていくかを表にしましょう。

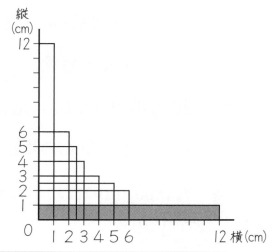

縦（cm）	1	2	3	4	5	6	〰	12
横（cm）							〰	

② 縦×横の値はいつもどうなっていますか。

　縦 × 横 ＝（　　　　　）

③ 縦の長さが2倍、3倍、4倍、……となると、横の長さはどのようになっていますか。（　　　）にかきましょう。

↓2倍　↓3倍　↓4倍

縦（cm）	1	2	3	4	5	6	〰	12
横（cm）							〰	

ア　イ　ウ

ア（　　　）　イ（　　　）　ウ（　　　）

反比例とは

　ともなって変わる２つの量があって、一方の値が２倍、３倍、……になると、他方が $\frac{1}{2}$、$\frac{1}{3}$、……になるとき、２つの量は反比例するといいます。

　反比例する２つの数をかけると、積はいつも同じになります。

$$\overset{\text{エックス}}{x} \times \overset{\text{ワイ}}{y} = \boxed{\text{決まった数}}$$

$$\text{または、}\quad y = \boxed{\text{決まった数}} \div x$$

の式で表すことができます。

① 左ページの面積が12cm² の長方形の縦を x 、横を y として、y を求める式をかきましょう。

$$y = (\qquad) \div (\qquad)$$

② 面積が32cm² の長方形があります。

① 縦 x 、横 y として、関係を式に表しましょう。

$$x (\qquad) \; y = (\qquad)$$

② y を求める式をかきましょう。

$$y = (\qquad) \div (\qquad)$$

③ ②を使って縦が4cmのときの横の長さを求めましょう。

式

答え ＿＿＿＿＿＿＿＿＿

月　　日 名前

反比例のグラフ

 面積が12cm²の長方形について調べましょう。

縦の長さ x （cm）	1	2	3	4	6	12
横の長さ y （cm）	12	6	4	3	2	1

① y は x に反比例しますか。　　（　　　　　　　　）

② x と y の関係を式に表しましょう。

$$y = (\qquad\qquad)$$

③ 横の長さ（x）が5cmのときの y の値を求めましょう。

式

　　　　　　　　　　　　　　答え _____

④ x と y の値の組をグラフに表しましょう。

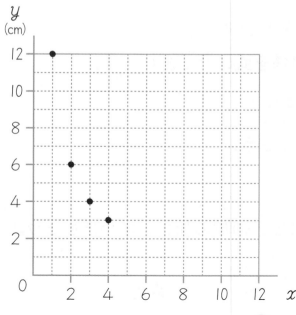

・表の数の組を点で示しましょう。
・点と点をなめらかな線で結びましょう。

比例と反比例 ⑭
反比例のグラフ

 y は x に反比例します。

x	1	2	3	4	6	8	12	24
y	24	12	8	6	4	3	2	1

① x と y の関係を式に表しましょう。

$$y = ()$$

② x と y の値の組をグラフにしましょう。

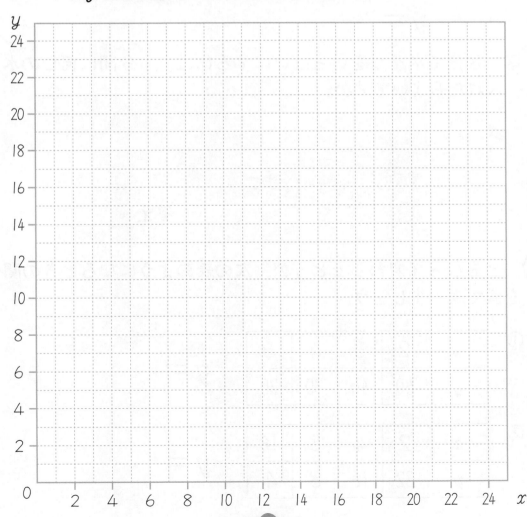

① 　1分間に1L水を入れると、36分間でいっぱいになる水そうがあります。1分間に入れる水の量を増やすとどうなりますか。

1分間に入れる水の量 x (L)	1	2	3	4	6	9	12	18	36
か　か　る　時　間 y(分)	36								

① 　表の空いているらんに数をかきましょう。

② 　y を、x を使った式で表しましょう。

$$y =$$

③ 　8分で水そうをいっぱいにするには、1分間に何L の水を入れたらよいですか。

式

答え _____

② 　ともなって変わる x と y が、次の表のようになるときの関係を式で表しましょう。

①

x	2	3	4	6
y	60	40	30	20

$$y =$$

②

x	2	4	8	16
y	32	16	8	4

$$y =$$

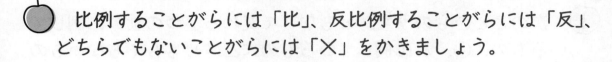

比例と反比例 ⑯
文章題

🍎　比例することがらには「比」、反比例することがらには「反」、
どちらでもないことがらには「✕」をかきましょう。

① （　　） 1分間に7Lずつ水を出したとき、水を出した
時間とたまった水の量。

時　間 x （分）	1	2	3	4
水の量 y （L）	7	14	21	28

② （　　） 120kmはなれた場所へ行くとき、車の時速とか
かる時間。

時速 x （km/時）	30	40	50	60	80
時間 y （時間）	4	3	2.4	2	1.5

③ （　　） 500円玉を持って、おやつを買ったとき、代金と
おつり。

代　金 x （円）	100	200	300	400
おつり y （円）	400	300	200	100

④ （　　） 面積が12cm²の三角形の底辺の長さと高さ。

底　辺 x （cm）	2	3	4	6	8
高　さ y （cm）	12	8	6	4	3

月　　日　名前

まとめ ⑰
比例と反比例

／50点

① 次のことがらのうち、ともなって変わる2つの量が比例しているものに○、反比例しているものに△、どちらでもないものに✕をつけましょう。

(1つ5点／20点)

① （　　　　）100gが390円の肉の重さと代金。

② （　　　　）1日の昼の長さと夜の長さ。

③ （　　　　）正三角形の1辺の長さとまわりの長さ。

④ （　　　　）100kmの道のりを走る車の速さと時間。

② 次の表で y が x に比例しているものに○、反比例しているものに△、どちらでもないものに✕をつけましょう。

(1つ5点／20点)

① （　　　　）

x (cm)	1	2	3	4
y (cm)	9	8	7	6

② （　　　　）

x (cm)	1	2	3	4
y (cm)	4	8	12	16

③ （　　　　）

x (cm)	1	2	3	4
y (cm)	12	6	4	3

④ （　　　　）

x (さい)	1	2	3	4
y (さい)	3	4	5	6

③ 次の表は、y が x に比例しています。表に数を入れましょう。

(10点)

x (cm)	1	2	3	4	5	6
y (cm)	5		15	20		30

まとめ ⑱
比例と反比例

① 針金（はりがね）の長さと重さの関係を表にしました。

長さx (m)	1	2	3	4	5	6
重さy (g)	150		450		750	900

① 表に数を入れましょう。（10点）

② 表をグラフに表しましょう。（10点）

③ 針金の長さと重さの関係を x と y の式で表しましょう。（5点）

（ $y =$ 　　　　　　　　　）

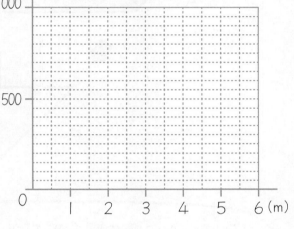

針金の長さと重さ

② 面積が24cm²の長方形の縦（たて）の長さと横の長さの関係を表にしました。

縦の長さ x (cm)	1	2	3	4	5	6	8	12	24
横の長さ y (cm)	24	12		6	4.8	4			1

① 表を完成させましょう。（15点）

② x と y の関係を表しましょう。（5点） （　　　　　　　）

③ どんなグラフになりますか。（5点）

①
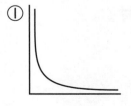

②
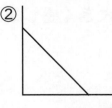

③
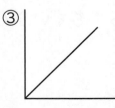

（　　　　）

図形の拡大と縮小 ①
拡大図・縮図

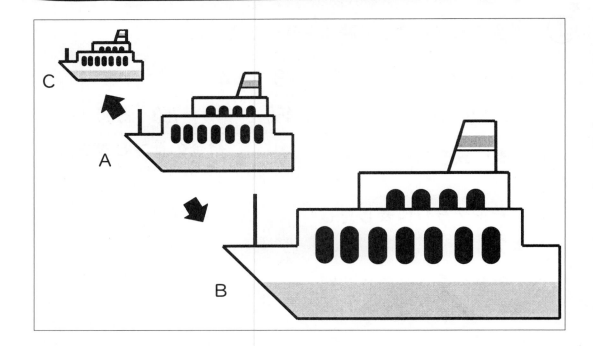

Bは、Aの船の図を形を変えないで大きくしました。
これを拡大するといいます。BはAの拡大図です。
Cは、Aの船の図を形を変えないで小さくしました。
これを縮小するといいます。CはAの縮図です。

どの部分の長さも2倍にした図を「2倍の拡大図」といいます。どの部分も$\frac{1}{2}$に縮めた図を「$\frac{1}{2}$の縮図」といいます。「2倍の拡大図」は縦も横も2倍になっているので「2倍」といってもずいぶん大きく感じます。

図形の拡大と縮小 ②
拡大図・縮図

 下の左の図の「2倍の拡大図」を右にかきました。

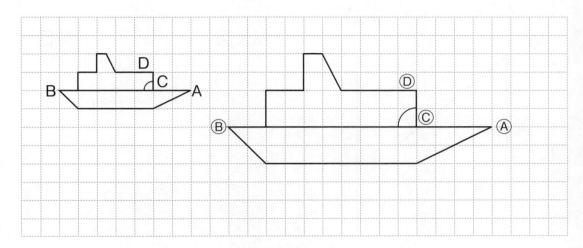

① 対応する辺の長さの比を簡単な比で表しましょう。

　㋐ （辺AB）:（辺Ⓐ Ⓑ）＝ (　　　　 : 　　　　)

　㋑ （辺CD）:（辺Ⓒ Ⓓ）＝ (　　　　 : 　　　　)

② 対応する角の大きさを比べましょう。

　㋐ 角B (　45° 　) と角Ⓑ (　　　　)

　㋑ 角C (　　　　) と角Ⓒ (　　　　)

③ 他にも対応する辺の長さの比や、角の大きさを調べてみましょう。

　　拡大図や縮図では、対応する辺の長さの比はすべて等しくなります。また、対応する角の大きさは等しくなります。

図形の拡大と縮小 ③
拡大図・縮図

① 図の２倍の拡大図をかきましょう。また、$\frac{1}{2}$ の縮図もかきましょう。

① 　　　　　　　　　　拡大図　　　　　縮図

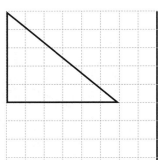

② 　　　　　　　　　　拡大図　　　　　縮図

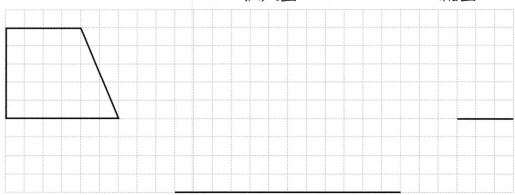

② 図の $\frac{1}{2}$ の縮図をかきましょう。

縮図

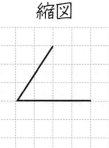

ヒントの線が
太くなっているよ。

月　　日 名前

図形の拡大と縮小 ④

拡大図・縮図

 三角形の２倍の拡大図を、定規とコンパスや分度器を使って
かきましょう。

①

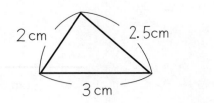

→

6 cm

②

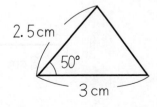

→

6 cm

③

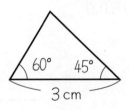

→

6 cm

図形の拡大と縮小 ⑤
拡大図・縮図

 三角形の縮図をかきましょう。

①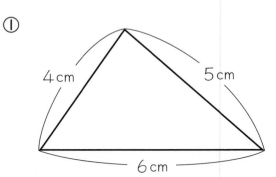

$\dfrac{1}{2}$ の縮図

→

_____
3 cm

②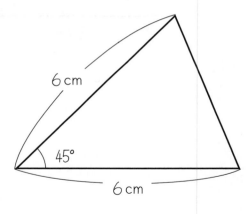

$\dfrac{1}{3}$ の縮図

→

_____
2 cm

③

$\dfrac{1}{4}$ の縮図

→

_____
2 cm

図形の拡大と縮小 ⑥
拡大図・縮図

三角形ＡＢＣの３倍の拡大図を頂点Ａを中心にしてかきました。

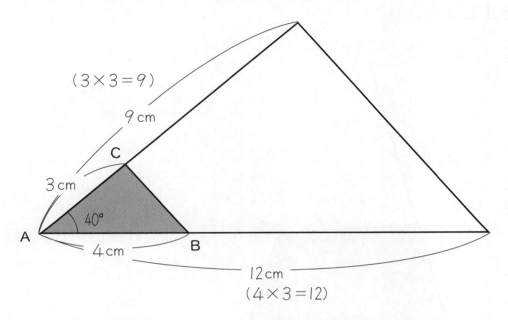

（３×３＝９）
9 cm
C
3 cm
40°
A
4 cm
B
12 cm
（４×３＝12）

① 三角形の２倍の拡大図を、頂点Ａを中心にしてかきましょう。

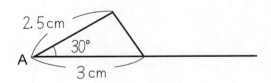

2.5 cm
30°
A
3 cm

② 三角形の $\frac{1}{2}$ の縮図を、頂点Ａを中心にしてかきましょう。

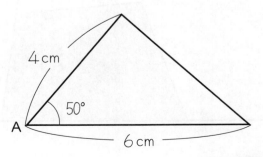

4 cm
50°
A
6 cm

図形の拡大と縮小 ⑦
拡大図・縮図

四角形の２倍の拡大図と$\frac{1}{2}$の縮図を、頂点Aを中心にしてかきましょう。

①

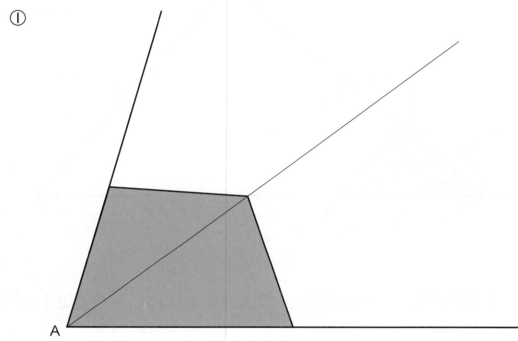

②

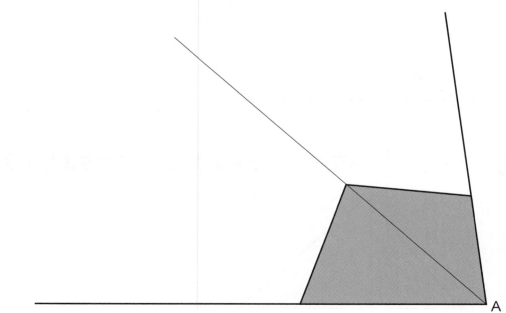

図形の拡大と縮小 ⑧
縮 尺

縮図で、長さを縮めた割合を縮尺といいます。

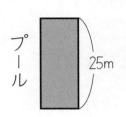

左の縮図は、実際は25mあるプールの縦の長さを25mmに縮めてかいています。

25mm：25m

25mm：25000mm＝25：25000

＝1：1000

上の図の縮尺は1：1000です。縮尺 $\frac{1}{1000}$ ともいいます。

① 体育館の縮図は、いくらの縮尺でかかれていますか。

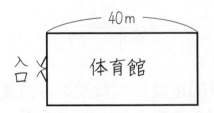

答え _____

② 地図では、下のような方法で縮尺を表すことがあります。

0から8の間は2cmですが、地図上では、8kmになるということを表しています。縮尺はいくらですか。

0　　4　　8 (km)

答え _____

図形の拡大と縮小 ⑨
縮図から求める

　実際に長さを測るのがむずかしいところでも、縮図をかいて、およその長さを求めることができます。

① $\frac{1}{1000}$ の縮図で、川はばの実際の長さを求めましょう。

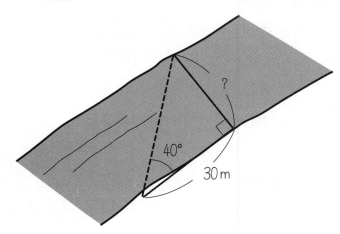

40°

30 m

?

答え　約 _____

② ビルの高さを知りたいと思い、100mはなれた所から角度をはかったら、60°ありました。このビルの高さは、およそ何mですか。縮図から求めましょう。

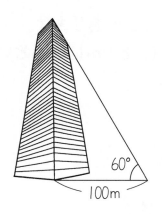

60°

100m

答え　約 _____

図形の拡大と縮小 ⑩
縮図の長さ・実際の長さ

🍎　次の問いに答えましょう。

①　実際の長さが30ｍで縮尺(しゅくしゃく)が $\frac{1}{1000}$ のとき、縮図上の長さを求めましょう。

式　$30\,(m) \times \frac{1}{1000} \Rightarrow \frac{3000\,(cm)}{1000} =$

答え＿＿＿＿＿＿＿＿＿＿＿＿＿

②　実際の長さが10kmで、縮尺が１：200000 のとき、縮図上の長さを求めましょう。

式

答え＿＿＿＿＿＿＿＿＿＿＿＿＿

③　縮尺 $\frac{1}{1000}$ の縮図上で、４cmの長さの実際の長さは何mですか。

式　$4\,(cm) \div \frac{1}{1000} = 4\,(cm) \times 1000 = 4000\,(cm)$
　　$4000\,cm =$ 　　　　　m

答え＿＿＿＿＿＿＿＿＿＿＿m

④　縮尺１：100000 の縮図上で、５cmの長さの実際の長さは何kmですか。

式

答え＿＿＿＿＿＿＿＿＿＿＿＿＿

月　　日　名前

まとめ ⑲
図形の拡大と縮小

/50点

① 図で⑧の図形の拡大図、縮図になっているものを選びましょう。

(1つ10点／20点)

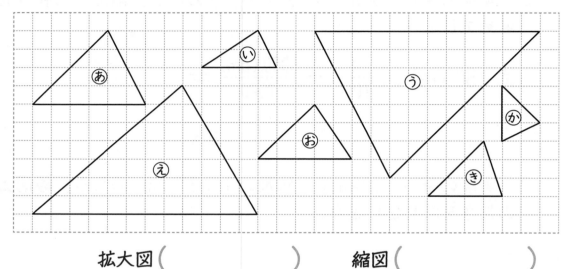

拡大図（　　　　　　）　　縮図（　　　　　　）

② 平行四辺形EFGHは平行四辺形ABCDの２倍の拡大図です。

(各10点／30点)

① 辺BCに対応する辺はどこで何cmですか。

（辺　　　　　　）（　　　　　cm）

② 角Bに対応する角はどこで何度ですか。

（角　　　　　　）（　　　　　度）

③ 辺GHに対応する辺はどこで何cmですか。

（辺　　　　　　）（　　　　　cm）

月　　日 名前

まとめ ⑳
図形の拡大と縮小

/50点

⭐⭐ ① 次の図形の２倍の拡大図と $\frac{1}{2}$ の縮図をかきましょう。

(図１つ10点／20点)

拡大図　　　　　　　　縮図

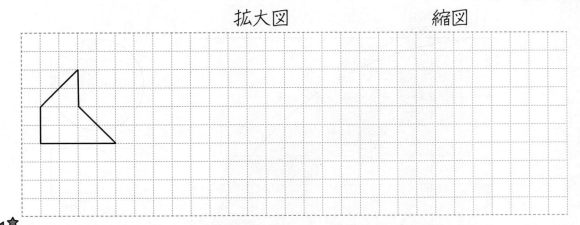

⭐⭐ ② 次の三角形ABCを頂点Bを中心にして２倍の拡大図と $\frac{1}{2}$ の縮図をかきましょう。

(図１つ10点／20点)

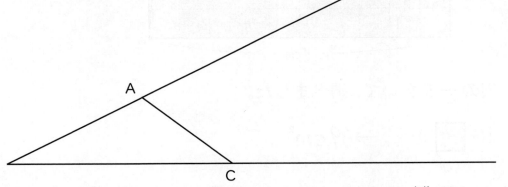

⭐⭐⭐ ③ 図は学校の縮図です。実際の長さを何分の一に縮めていますか。

(10点)

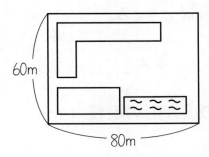

答え _____

円の面積 ①
細かく分けて求める

半径10cmの円の面積と、1辺10cmの正方形の面積について、調べましょう。

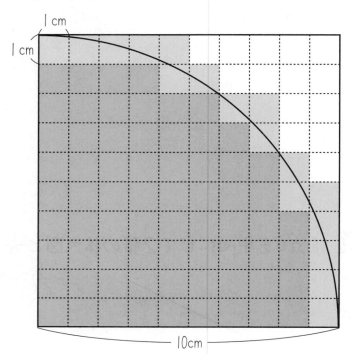

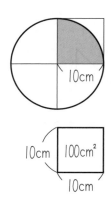

円の $\frac{1}{4}$ をかいて、調べました。

1cm☐1cm が **69** → **69cm²**

1cm☐1cm が **17** → (0.5×17=8.5) 約8.5cm²。

※欠けているところがあるので、
☐の1マスを0.5cm²と考える。

69＋8.5＝77.5

円全体では、77.5×4＝310

答え ＿＿＿＿＿＿＿＿

半径10cmの円の面積は、1辺10cmの正方形の面積
(10×10＝100) の約3.1倍です。

円の面積 ②
細かく分けて求める

 円の面積について調べましょう。

① 円を下のように等分しました。

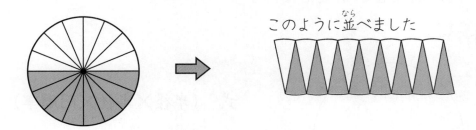

このように並べました

② もっと小さい形に等分しました。

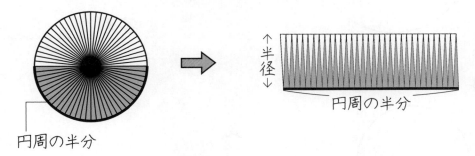

円周の半分

↑半径↓

円周の半分

②の図は、長方形に近い形ですね。

長方形の面積＝ 縦 × 横
　　　　　　　　⇓　　　 ⇓
円 の 面 積＝（半径）×（円周の半分）…とします。
　　　　　　 ＝（半径）×（直径×円周率の半分）
　　　　　　 ＝（半径）×（半径×２×円周率÷２）
　　　　　　 ＝半径×半径×円周率

円の面積 ＝ 半径 × 半径 × 円周率(3.14)

円の面積 ③
半径から求める

円の面積 ＝ 半径 × 半径 × 円周率

🍎 円の面積を求めましょう。

①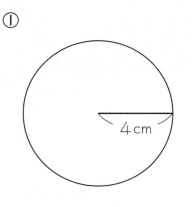

4cm

式　（半径×半径×円周率）

4×4×

答え _____

②

3cm

式

答え _____

③

5cm

式

答え _____

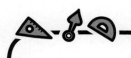

円の面積 ④
半径から求める

 円の面積を求めましょう。

①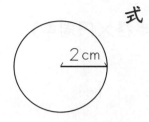

式

答え _____

② 半径9cmの円

式

答え _____

③ 半径12cmの円

式

答え _____

④ 半径20cmの円

式

答え _____

月　日　名前

円の面積 ⑤
直径から求める

円の面積を求めましょう。

①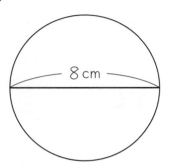

8 cm

式　（半径×半径×円周率）
8÷2＝4
4×4×3.14

答え _____

②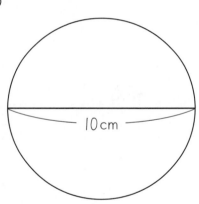

10 cm

式

答え _____

③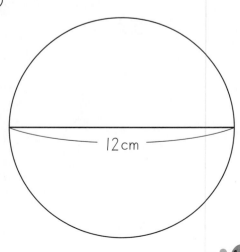

12 cm

式

答え _____

142

円の面積 ⑥
直径から求める

 円の面積を求めましょう。

①
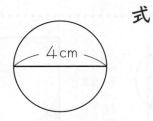

式

答え _____

② 直径16cmの円

式

答え _____

③ 直径20cmの円

式

答え _____

④ 直径40cmの円

式

答え _____

円の面積 ⑦

組み合わせた形

の部分の面積を求めましょう。

①

10cm

10cm

ヒント

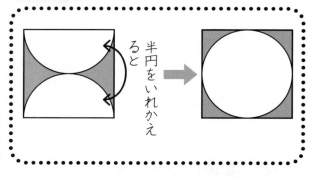

半円をいれかえると

式　□ の面積は　　10×10＝100

　　○ の面積は　　10÷2＝5　　　5×5×3.14＝

　　□ － ○　_____

　　　　　　　　　　答え _____

②

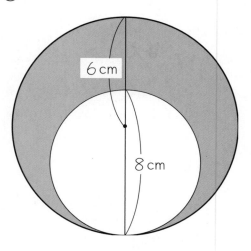

6cm

8cm

式

答え _____

円の面積 ⑧
組み合わせた形

🍎 　　の部分の面積を求めましょう。

①

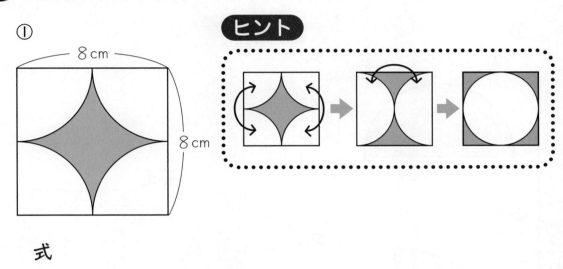

8 cm

8 cm

ヒント

式

答え _____

②

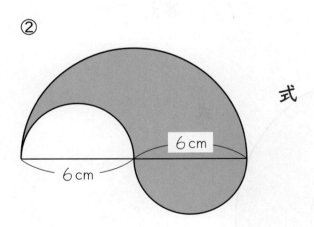

6 cm

6 cm

式

答え _____

円の面積 ⑨
いろいろな形

 ■■■ の部分の面積を求めましょう。

① 式

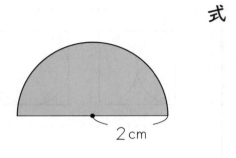

2 cm

答え _____

② 式

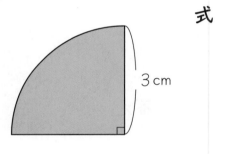

3 cm

答え _____

③ 式

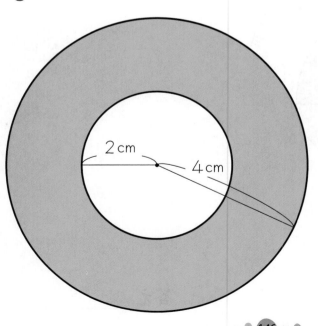

2 cm

4 cm

答え _____

円の面積 ⑩
いろいろな形

 ▢ の部分の面積を求めましょう。

①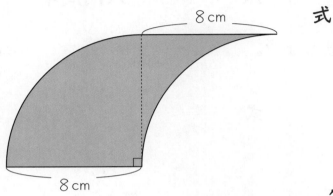

式

答え _____

②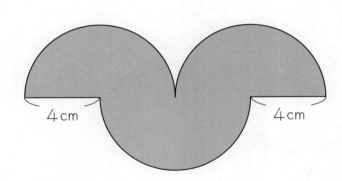

式

答え _____

まとめテスト

まとめ ㉑
円の面積

/50点

① （　　　）にあてはまる言葉をかきましょう。　　　　　　　　（10点）

円の面積＝（　　　　　）×（　　　　　）×円周率

② 次の面積を求めましょう。　　　　　　　　　　　　（1つ10点／40点）

①

式

答え _____

②

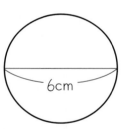

式

答え _____

③

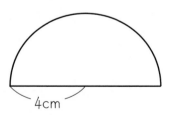

式

答え _____

④

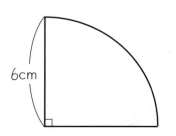

式

答え _____

月　　日　名前

まとめ ㉒
円の面積

/50点

⭐⭐
① 　　　の部分の面積を求めましょう。

（1つ10点／40点）

①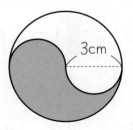

式

答え＿＿＿＿＿＿＿＿＿＿＿＿

②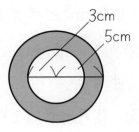

式

答え＿＿＿＿＿＿＿＿＿＿＿＿

③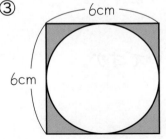

式

答え＿＿＿＿＿＿＿＿＿＿＿＿

④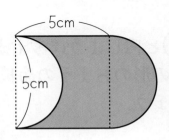

式

答え＿＿＿＿＿＿＿＿＿＿＿＿

⭐⭐⭐
② 円周31.4cmの円の面積は何cm² ですか。

（10点）

式

答え＿＿＿＿＿＿＿＿＿＿＿＿

およその面積・体積 ①
面　積

次の形のおよその面積を考えましょう。

①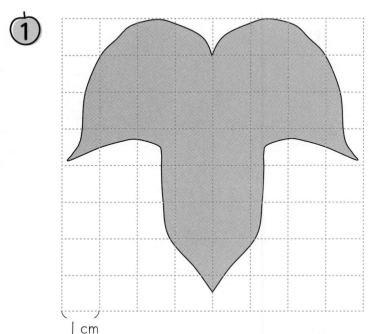

|cm

① ⬛ |つは何cm² ですか。　（　　　　　）

② ⬛や◻は、|つ 0.5cm² と考えます。

③ 　| cm² はいくつありますか。（　　　　　）

④ 　0.5cm² はいくつありますか。
（　　　　　）

⑤ この図は、およそ何cm² と考えればよいですか。

式　　|×　　　＋0.5×　　　＝

答え　およそ

②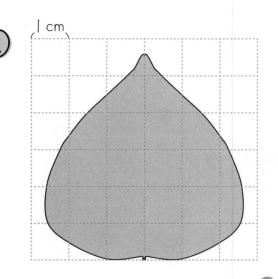

|cm

①と同じように考えます。
　この形のおよその面積を求めましょう。

式

答え

およその面積・体積 ②
面　積

次の形のおよその面積を考えましょう。

① 長野県諏訪湖(実際は13.3km²)

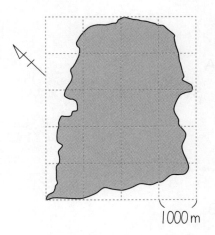

1000m

式

答え _____

② 新潟県佐渡島(実際は855.68km²)

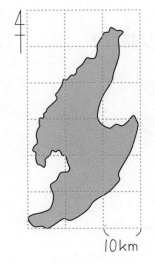

10km

式

答え _____

およその面積・体積 ③
面　積

およその面積を求めましょう。

① A，Bそれぞれの畑の面積

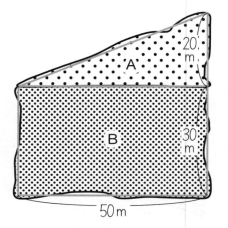

A

式　$50 \times 20 \div 2$

答え _____

B

式

答え _____

② 前方後円墳の面積（100m² 未満は切り捨て）

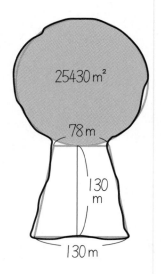

25430 m²

78 m

130 m

130 m

式

答え _____

およその面積・体積 ④
面　積

 およその面積を求めましょう。

①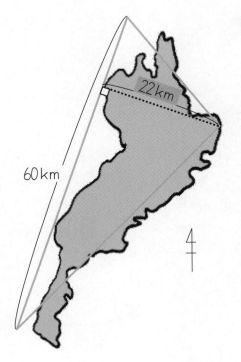

琵琶湖（実際は669.26km²）

22km
60km

式

答え

②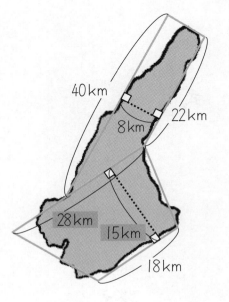

淡路島（実際は592.17km²）

40km
22km
8km
28km
15km
18km

式

答え

およその面積・体積 ⑤
体　積

 次の形のおよその体積を求めましょう。

①

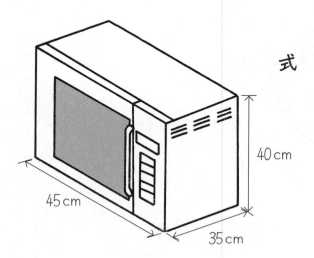

式

答え _____

②

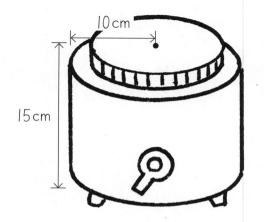

式

答え _____

およその面積・体積 ⑥
体　積

次の形のおよその体積を求めましょう。

①

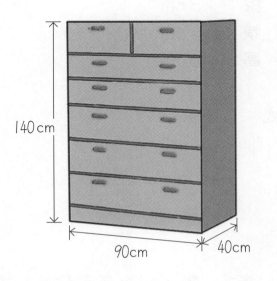

式

答え _____

②

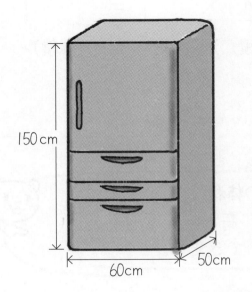

式

答え _____

柱体の体積 ①
四角柱

🍎　次の立体の体積の求め方を考えましょう。

① 直方体と考えて体積を求めましょう。

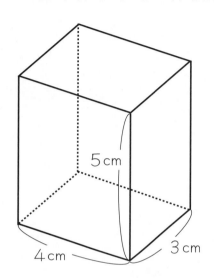

縦　　３cm
横　　４cm
高さ　５cm

式

答え _____

② ▨ の部分を底面積といいます。縦×横を底面積として、体積を求めましょう。

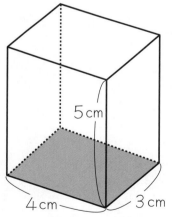

$3×4$ × □ ＝ □

（底面積）×（高さ）＝　（体積）

答え _____

 この四角柱の体積は、
底面積 × 高さ
で求めることができます。

柱体の体積 ②
三角柱

🍎　次の立体の体積の求め方を考えましょう。

① 直方体を半分にした三角柱です。直方体の体積を求めてから、半分にします。

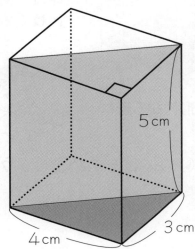

5 cm
3 cm
4 cm

$$縦 \times 横 \times 高さ \div 2$$

式

答え _____

② 上の三角柱の底面積を考えて、体積を求めましょう。

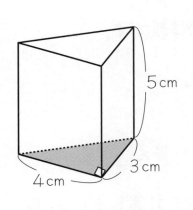

5 cm
3 cm
4 cm

①は $\left(\underset{縦 \times 横 \times 高さ}{3 \times 4 \times 5} \underset{半分}{\div 2}\right)$ で求めました。

直方体の　　半分

底面積（三角形の面積）は

（底辺）×（三角形の高さ）÷ 2 となります。
　　3　　×　　　4　　　÷ 2

$$\underset{（底面積）}{3 \times 4 \div 2} \times \underset{（立体の高さ）}{5} = ()$$
体積

答え _____

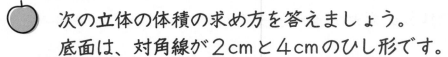

柱体の体積 ③

四角柱

次の立体の体積の求め方を答えましょう。
底面は、対角線が２cmと４cmのひし形です。

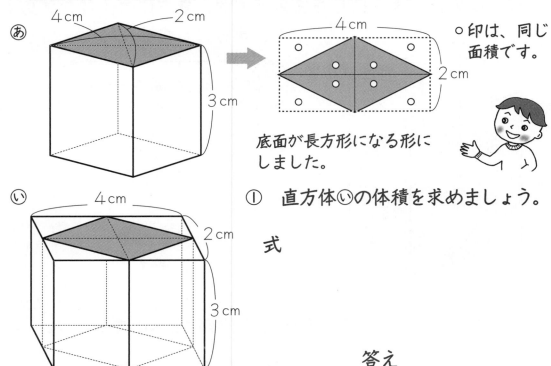

○印は、同じ面積です。

底面が長方形になる形にしました。

① 直方体◌の体積を求めましょう。

式

答え _____

② もとの立体⑧は、直方体◌の半分の体積です。
⑧の体積を求めましょう。

式 （　　　）×（　　　）×（　　　）÷２

答え _____

③ （底面積）×高さでもとの立体の体積を計算しましょう。

$$\underset{\text{（底面積）}}{\underline{2×4÷2}} ×\underset{\text{（高さ）}}{(\quad\quad)} =(\quad\quad)$$

答え _____

柱体の体積 ④
角 柱

　どんな多角形でも、三角形に分けられるのと同じように、どんな角柱でも、三角柱に分けることができます。
　角柱の体積の公式は次のようになります。

> 角柱の体積 ＝ 底面積 × 高さ

次の角柱の体積を求めましょう。

①

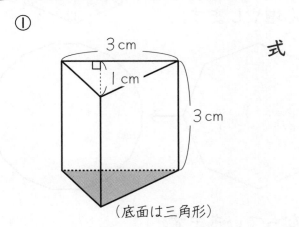

（底面は三角形）

式

答え _____

②

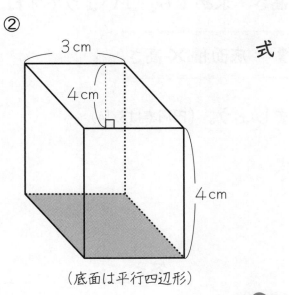

（底面は平行四辺形）

式

答え _____

円　柱

● 円柱の体積の求め方について考えましょう。

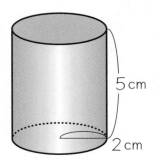

5 cm

2 cm

① 高さが同じ四角柱の体積は、

（　　　　　　　）× 高さ

で求められます。

5 cm

② 底面の辺の数をどんどん増やします。

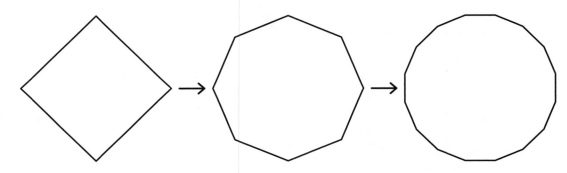

→　→

底面がだんだん円に近くなっていきます。

円柱の体積も、底面積×高さで求めても、よいようですね。

円柱の体積 ＝ 底面積 × 高さ

③ 次の円柱の体積を求めましょう。（円周率は3.14）

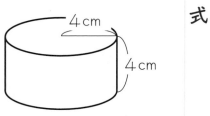

4 cm

4 cm

式

答え

柱体の体積 ⑥
いろいろな柱体

次の柱体の体積を求めましょう。

①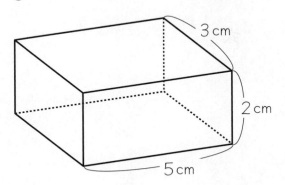

式

答え _____

②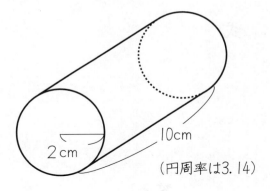

（円周率は3.14）

式

答え _____

③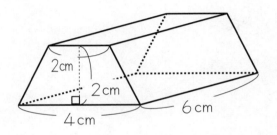

式

答え _____

月　日 名前

柱体の体積 ⑦
いろいろな柱体

 次の柱体の体積を求めましょう。

①

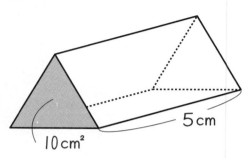

式

答え _____

②

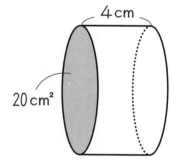

式

答え _____

③

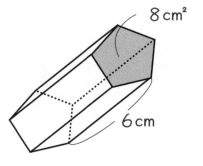

式

答え _____

柱体の体積 ⑧
いろいろな柱体

次の柱体の体積を求めましょう。

① 底面積が15cm²で高さが4cmの円柱。

式

答え _____

② 底面積が22cm²で高さが2cmの六角柱。

式

答え _____

③ 底面の半径が10cmで高さが10cmの円柱（円周率3.14）。

式

答え _____

④ 底面が1辺7cmの正方形で高さが9cmの四角柱。

式

答え _____

月　　日 名前

まとめ ㉓
柱体の体積

／50点

① （　　）にあてはまる言葉を入れましょう。 （10点）

角柱・円柱の体積＝（　　　　　）×（　　　）

② 次の立体の体積を求めましょう。 （1つ10点／40点）

①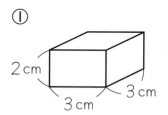

式

答え＿＿＿＿＿＿＿＿＿＿

②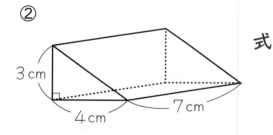

式

答え＿＿＿＿＿＿＿＿＿＿

③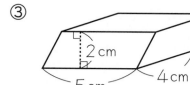

式

答え＿＿＿＿＿＿＿＿＿＿

④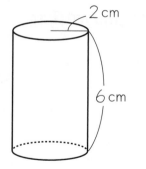

式

答え＿＿＿＿＿＿＿＿＿＿

まとめ ㉔
柱体の体積

/50点

1 次の立体の体積を求めましょう。 （1つ10点／30点）

① 底面積が15cm²で高さが8cmの五角柱。

式

答え _____

②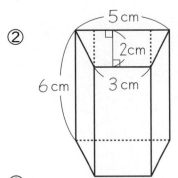

5cm
2cm
3cm
6cm

式

答え _____

③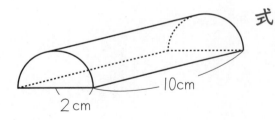

10cm
2cm

式

答え _____

2 次の展開図について答えましょう。

① 立体の名前をかきましょう。（5点） （　　　　　　）

② 高さは何cmですか。 （5点）
（　　　　　　）

③ 体積を求めましょう。 （10点）

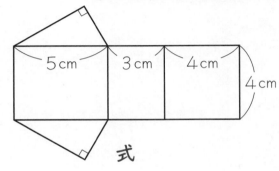

5cm　3cm　4cm　4cm

式

答え _____

初級算数習熟プリント　小学6年生

2023年 2 月20日　第 1 刷　発行

著　者　金井　敬之
　　　　かない　のりゆき

発行者　面屋　洋

企　画　フォーラム・Ａ

発行所　清風堂書店
　　　　〒530-0057　大阪市北区曽根崎 2 -11-16
　　　　TEL 06-6316-1460／FAX 06-6365-5607

振　替　00920-6-119910

制作編集担当　蒔田　司郎
表紙デザイン　ウエナカデザイン事務所
※乱丁・落丁本はおとりかえいたします。

学力の基礎をきたえどの子も伸ばす研究会

HPアドレス　http://gakuryoku.info/

常任委員長　岸本ひとみ
事務局　〒675-0032 加古川市加古川町備後 178－1－2－102 岸本ひとみ方 ☎・Fax 0794－26－5133

① めざすもの

　私たちは、すべての子どもたちが、日本国憲法と子どもの権利条約の精神に基づき、確かな学力の形成を通して豊かな人格の発達が保障され、民主平和の日本の主権者として成長することを願っています。しかし、発達の基盤ともいうべき学力の基礎を鍛えられないまま落ちこぼれている子どもたちが普遍化し、「荒れ」の情況があちこちで出てきています。

　私たちは、「見える学力、見えない学力」を共に養うこと、すなわち、基礎の学習をやり遂げさせることと、読書やいろいろな体験を積むことを通して、子どもたちが「自信と誇りとやる気」を持てるようになると考えています。

　私たちは、人格の発達が歪められている情況の中で、それを克服し、子どもたちが豊かに成長するような実践に挑戦します。

　そのために、つぎのような研究と活動を進めていきます。
　　①　「読み・書き・計算」を基軸とした学力の基礎をきたえる実践の創造と普及。
　　②　豊かで確かな学力づくりと子どもを励ます指導と評価の探究。
　　③　特別な力量や経験がなくても、その気になれば「いつでも・どこでも・だれでも」ができる実践の普及。
　　④　子どもの発達を軸とした父母・国民・他の民間教育団体との協力、共同。

　私たちの実践が、大多数の教職員や父母・国民の方々に支持され、大きな教育運動になるよう地道な努力を継続していきます。

② 会　　　員

　・本会の「めざすもの」を認め、会費を納入する人は、会員になることができる。
　・会費は、年 4000 円とし、7 月末までに納入すること。①または②

①郵便振替　口座番号　00920－9－319769	②ゆうちょ銀行
名　　称　学力の基礎をきたえどの子も伸ばす研究会	店番099　店名〇九九店　当座0319769

　・特典　研究会をする場合、講師派遣の補助を受けることができる。
　　　　　大会参加費の割引を受けることができる。
　　　　　学力研ニュース、研究会などの案内を無料で送付してもらうことができる。
　　　　　自分の実践を学力研ニュースなどに発表することができる。
　　　　　研究の部会を作り、会場費などの補助を受けることができる。
　　　　　地域サークルを作り、会場費の補助を受けることができる。

③ 活　　　動

　全国家庭塾連絡会と協力して以下の活動を行う。
　・全 国 大 会　全国の研究、実践の交流、深化をはかる場とし、年 1 回開催する。通常、夏に行う。
　・地域別集会　地域の研究、実践の交流、深化をはかる場とし、年 1 回開催する。
　・合宿研究会　研究、実践をさらに深化するために行う。
　・地域サークル　日常の研究、実践の交流、深化の場であり、本会の基本活動である。
　　　　　　　　　可能な限り月 1 回の月例会を行う。
　・全国キャラバン　地域の要請に基づいて講師派遣をする。

全 国 家 庭 塾 連 絡 会

① めざすもの

　私たちは、日本国憲法と子どもの権利条約の精神に基づき、すべての子どもたちが確かな学力と豊かな人格を身につけて、わが国の主権者として成長することを願っています。しかし、わが子も含めて、能力があるにもかかわらず、必要な学力が身につかないままになっている子どもたちがたくさんいることに心を痛めています。

　私たちは学力研が追究している教育活動に学びながら、「全国家庭塾連絡会」を結成しました。

　この会は、わが子に家庭学習の習慣化を促すことを主な活動内容とする家庭塾運動の交流と普及を目的としています。

　私たちの試みが、多くの父母や教職員、市民の方々に支持され、地域に根ざした大きな運動になるよう学力研と連携しながら努力を継続していきます。

② 会　　　員

　本会の「めざすもの」を認め、会費を納入する人は会員になれる。
　会費は年額 1500 円とし（団体加入は年額 3000 円）、7 月末までに納入する。
　会員は会報や連絡交流会の案内、学力研集会の情報などをもらえる。

事務局　〒564-0041　大阪府吹田市泉町 4－29－13　影浦邦子方 ☎・Fax 06－6380－0420
郵便振替　口座番号　00900－1－109969　　名称　全国家庭塾連絡会

初級 算数 習熟プリント **6**年生

答え

対称な図形 ①
線対称とは

● 二等辺三角形について答えましょう。

① 長さが等しい辺に○をつけましょう。

② 大きさが等しい角は、どれとどれですか。

（ 角 <u>B</u> と 角 <u>C</u> ）

③ ……で2つに折ると、ぴったり重なりますか。

（　　重なる　　）

│本の直線を折り目にして折ったとき、両側がきちんと重なる図形を、線対称な図形 といいます。
また、折り目になる直線を対称の軸といいます。

線対称な図形　　きちんと折り重なる

6

対称な図形 ②
対応する点、角、直線

① 線対称な図形について答えましょう。
　対称の軸ACで2つに折ります。

① 重なりあう点は、点Bとどれですか。

（ 点B と 点D ）

② 重なりあう角は、角Bとどれですか。

（ 角B と 角D ）

③ 重なりあう直線はどれですか。

（ 直線AB と 直線AD ）（ 直線BC と 直線DC ）

線対称な図形で、対称の軸で折ったとき、きちんと重なりあう｜組の点や角や直線を、対応する点、対応する角、対応する直線といいます。

② 次の線対称な図形の対応する点をかきましょう。

（ 点A と 点D ）

（ 点B と 点C ）

7

対称な図形 ③
対称の軸

① 線対称な図形について答えましょう。

① 対応する点Bと点Dを通る直線は、対称の軸とどのように交わっていますか。

（ 垂直に交わっている ）

② 直線BOと直線DOの長さを比べるとどうなっていますか。

（　　等しい　　）

線対称な図形では、対応する点を結ぶ直線は、対称の軸と垂直に交わります。また、対称の軸から2つの点までの長さは、等しくなっています。

対称の軸

② 線対称な図形について答えましょう。

① 点B、点Cと対応する点はどれですか。

点Bと（ 点F ）、点Cと（ 点E ）

② 対応する点を直線で結んで、上の性質通りになっていることを確かめましょう。

8

対称な図形 ④
作　図

① 線対称な図形をしあげましょう。

①　　対称の軸　　②　　対称の軸

② 三角定規を使って、線対称な図形をしあげましょう（コンパスも使ってよい）。

①　　対称の軸　　②　　対称の軸

9

対称な図形⑤
作 図

線対称な図形をしあげましょう。

① 対称の軸

② 対称の軸
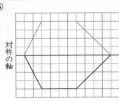

③ 対称の軸
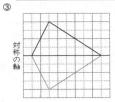

④ 対称の軸
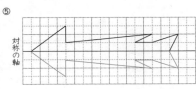

⑤ 対称の軸
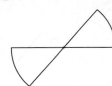

10

対称な図形⑥
対称軸をかく

図形は線対称な図形です。対称の軸をかきましょう。

①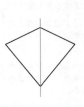

②

③

④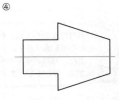

⑤ 対称の軸が2本あります。
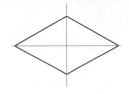

⑥ 対称の軸が2本あります。
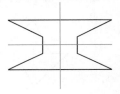

11

対称な図形⑦
点対称とは

① 次の図形について答えましょう。

① この図形をぐるっと回して、逆さにしてみましょう。
何度回したことになりますか。
(180°)

② もとの図と、逆さにしたときの図はきちんと重なりますか。
(重なる)

> ある点を中心にして180°回転させたとき、もとの図形ときちんと重なる図形を点対称な図形といいます。
> また、中心の点を対称の中心といいます。

② 点対称な図形を、点Oを中心にして、180°回転させたときの重なりについて調べましょう。

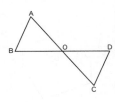

① 重なる点をかきましょう。
点Aと（ 点C ）、点Bと（ 点D ）

② 重なる直線をかきましょう。
直線AOと（ 直線CO ）
直線BOと（ 直線DO ）

③ 角AOBと重なる角をかきましょう。
(角COD)

12

対称な図形⑧
対応する点、角、直線

① 四角形ABCDを、点Oを中心に180°回転させ、点対称な図形をつくりました。

① 点Aと重なる点をかきましょう。
(点E)

② 角Bと重なる角をかきましょう。
(角F)

③ 直線BCと重なる直線をかきましょう。
(直線FG)

> 点対称な図形で、対称の中心で180°回転させたとき、きちんと重なる1組の点や角や直線を、対応する点、対応する角、対応する直線といいます。

② 点対称な図形で対応する点、角、直線を答えましょう。

① 点Aと対応 (点D)

② 角Cと対応 (角F)

③ 直線ABと対応 (直線DE)

13

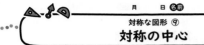
① 点対称な図形について調べましょう。

① 対応する点を結びましょう。

② ３本の直線が通る点を何といいますか。

（　対称の中心　）

③ ②の点から対応する２つの点までの長さは、どのようになっていますか。

（　等しい　）

点対称な図形では、対応する点を結ぶ直線は、対称の中心を通ります。

また、対称の中心から、対応する２つの点までの長さは、等しくなります。

② 図は点対称な図形です。対応する点を直線で結び、上の性質通りになっていることを確かめましょう。

①
②

14

図は、点対称な図形です。点対称の中心を求め、〇とかきましょう。

①
②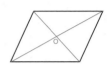

③
④

⑤
⑥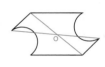

15

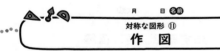
点対称な図形をかいています。続きをかいてしあげましょう。点〇は、対称の中心です。

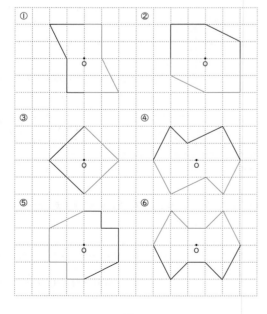

16

点対称な図形をかいています。続きをかいてしあげましょう。点〇は、対称の中心です。

①
②

③
④

⑤
⑥

17

まとめ①
対称な図形　　　／50点

① 次の図形で線対称なものと点対称なものに分けましょう。
(完答10点)

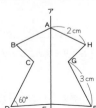

線対称（　⑦、①　）　　点対称（　①、⑦　）

② 次の線対称な図形について答えましょう。
(1つ5点/20点)

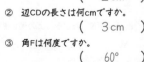

① 辺ABの長さは何cmですか。
（　2cm　）

② 辺CDの長さは何cmですか。
（　3cm　）

③ 角Fは何度ですか。
（　60°　）

④ 直線CGと対称の軸アイはどのように交わっていますか。
（　垂直　）
または直角

③ アイが対称の軸になる線対称な図形をかきましょう。(1つ10点/20点)

18

まとめ②
対称な図形　　　／50点

① 次の図形について答えましょう。
(①5点、②5点/10点)

① 対称の中心Oをかきましょう。

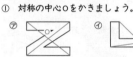

② 線対称でもある図形はどれですか。（　⑦　）

② 点Oが対称の中心になる点対称の図形をかきましょう。
(1つ10点/20点)

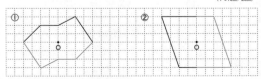

③ 次の図形は点対称な図形です。
(1つ5点/20点)

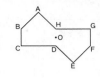

① 辺ABに対応する辺はどれですか。
（　辺EF　）

② 辺CDに対応する辺はどれですか。
（　辺GH　）

③ 点Cに対応する点はどれですか。
（　点G　）

④ 角Fに対応する角はどれですか。
（　角B　）

19

文字と式 ①
代金を表す式

① みち子さんは、消しゴムと120円のノート1冊を買って、170円はらいました。消しゴムの値段を x 円として、x を求めましょう。

消しゴム　　　　ノート
x 円　　　　　120円
170円

買った順に式をつくると

$x+120=170$

になります。x を求めましょう。

$x=170-120$
　$=50$

答え　　　50円

② いくおさんは、ケーキを4個買って、600円はらいました。ケーキの値段を x 円として、x を求めましょう。

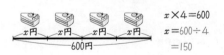

x 円　x 円　x 円　x 円
600円

$x×4=600$
$x=600÷4$
　$=150$

答え　　　150円

20

文字と式 ②
問題文を表す式

① 次のことを、x を使った式に表しましょう。

① 180円のケーキを x 個買ったときの代金。
（　$180×x$　）

② 1000円を持って行って、x 円の買い物をしたときのおつり。
（　$1000-x$　）

③ 面積が36m²の長方形の土地の縦の長さが、x mのときの横の長さ。
（　$36÷x$　）

② 次の式のときの x を求めましょう。

① $x-5=3$
$x=8$

② $6×x=30$
$x=5$

③ $x+20=50$
$x=30$

④ $6+x=12$
$x=6$

⑤ $8×x=72$
$x=9$

⑥ $40-x=10$
$x=30$

21

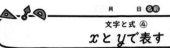

文字と式 ③
x と y で表す

1000円を持って買い物に行きました。このとき使った金額と
おつりについて考えましょう。

持っていた金額		使った金額		おつり
1000	−	100	=	900
1000	−	200	=	800
1000	−	300	=	700
		⋮		
1000	−	900	=	100

① 上の式で、変わらない数は何の金額で、いくらですか。

（　持っていた金額　，　1000円　）

② いろいろ変わる数は何と何ですか。

（　使った金額　）（　おつり　）

いろいろ変わる数を x（エックス）や y（ワイ）などの文字を使って、
式に表すことができます。

$$1000 - x = y \quad \left(\begin{array}{l} x \text{は使った金額} \\ y \text{はおつり} \end{array}\right)$$

22

文字と式 ④
x と y で表す

① 左の $1000 - x = y$ の式を、$y = 1000 - x$ と表すことができます。

$$y = 1000 - x$$
（おつり）　（使った金額）

① 使った金額が400円のとき、上の式を使って、おつりを求めましょう。

式　$y = 1000 - 400$
　　　$= 600$

答え　　600円

② 500円使ったとき、上の式を使っておつりを求めましょう。

式　$y = 1000 - 500$
　　　$= 500$

答え　　500円

② 1万円を持って行って、買い物をしました。

① x（代金）と y（おつり）を使って、2つの数の関係を式に表しましょう。

（　$y = 10000 - x$　）

② x が8000円のとき、y はいくらになりますか。

式　$y = 10000 - 8000$
　　　$= 2000$

答え　　2000円

23

文字と式 ⑤
関係を表す式

① 次の⑦～㋑の式は、①～④のどの場面にあてはまりますか。
（　）に記号をかきましょう。

⑦ $10 + x = y$	㋑ $10 - x = y$
㋒ $10 \times x = y$	㋓ $10 \div x = y$

① （　㋑　）10個のあめを x 個食べた残りは y 個です。

② （　㋓　）10枚の色紙を x 人で同じ数ずつ分けるとひとり y 枚になりました。

③ （　⑦　）10人が遊んでいた公園に x 人やって来て y 人になりました。

④ （　㋒　）1パック10個入りのたまごを x パック買ったときのたまごの数は y 個です。

② 次の関係を式で表しましょう。

① 長さ30mのロープがあります。x mを切り取ると、残りは y mです。

$y = 30 - x$

② 80円の消しゴムと x 円のえんぴつを買いました。
代金 y は何円ですか。

$y = 80 + x$

24

文字と式 ⑥
関係を表す式

① 1本40円のえんぴつを x 本買い、代金 y 円をはらいました。

① x と y の関係を式に表しましょう。

$y = 40 \times x$

② えんぴつを5本買ったときの代金はいくらですか。
①の式を使って計算しましょう。

$y = 40 \times 5$
　$= 200$

答え　　200円

② 中庭に面積が24m²の花だんをつくります。

① 縦を y m、横を x mとして、関係を式にしましょう。

$y \times x = 24$
$y = 24 \div x$

② 横が3mのときと、6mのときの縦の長さを求めましょう。

ア　横3mのとき

$y = 24 \div 3 = 8$

答え　　8 m

イ　横6mのとき

$y = 24 \div 6 = 4$

答え　　4 m

25

6

まとめ ③
文字と式
/50点

① xを使った式をかき、xにあてはまる数を求めましょう。

(1つ10点/30点)

① 1個x円のパンを5個買った代金が600円になった。

式 $x \times 5 = 600$
$x = 600 \div 5 = 120$

答え　　120円

② x円おべんとうを買って1000円札を出したときのおつりが502円だった。

式 $1000 - x = 502$
$x = 1000 - 502 = 498$

答え　　498円

③ きのうまでに150ページ読んだ本をきょうxページ読んだので合計245ページまで読めた。

式 $150 + x = 245$
$x = 245 - 150 = 95$

答え　　95ページ

② 次の式のxを求めましょう。

(1つ5点/20点)

① $15 + x = 23$
$x = 8$

② $x - 64 = 19$
$x = 83$

③ $x \times 6 = 54$
$x = 9$

④ $x \div 5 = 10$
$x = 50$

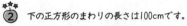

まとめ ④
文字と式
/50点

① 次の⑦〜㊀の式は①〜④のどの場面にあてはまりますか。（　）に記号をかきましょう。

(各10点/40点)

⑦ $x + 50 = y$	⑦ $x - 50 = y$
⑦ $x \times 50 = y$	㊀ $x \div 50 = y$

① （　㊀　）x枚の紙を50枚ずつ束にすると、y束できました。

② （　⑦　）x円の品物を50円引きで買うとy円でした。

③ （　⑦　）$x$cmのリボンに50cmのリボンをつなげると全部で$y$cmになりました。

④ （　⑦　）縦$x$cm、横50cmの長方形の面積は$y$cm²です。

② 下の正方形のまわりの長さは100cmです。

(各5点/10点)

① 1辺の長さを$x$cmとして、かけ算の式で表しましょう。　（　$x \times 4 = 100$　）

② 正方形の1辺の長さは何cmですか。

（　　25cm　　）

分数のかけ算①
分数×整数

● 1dLで$\frac{2}{5}$m²のかべをぬることができるペンキがあります。このペンキ2dL使うと、何m²のかべをぬることができますか。

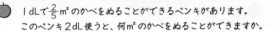

$\frac{2}{5}$m²×2

$\times 2$

1dLで$\frac{2}{5}$m²

2dLでは
($\frac{1}{5}$m²) が4つ分で$\frac{4}{5}$m²

式 $\frac{2}{5} \times 2 = \frac{2 \times 2}{5} = \frac{4}{5}$

整数2は$\frac{2}{1}$だから

$\frac{2}{5} \times 2 = \frac{2}{5} \times \frac{2}{1} = \frac{2 \times 2}{5 \times 1} = \frac{4}{5}$

と考えていいようです。

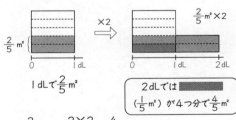

$$\frac{\boxed{分子}}{\boxed{分母}} \times \frac{\boxed{整数}}{1} = \frac{\boxed{分子} \times \boxed{整数}}{\boxed{分母} \times 1}$$

分数のかけ算②
分数×整数

● 次の計算をしましょう。

① $\frac{1}{3} \times 2 = \frac{1 \times 2}{3 \times 1}$
$= \frac{2}{3}$

② $\frac{1}{4} \times 3 = \frac{1 \times 3}{4 \times 1}$
$= \frac{3}{4}$

③ $\frac{2}{5} \times 2 = \frac{2 \times 2}{5 \times 1}$
$= \frac{4}{5}$

④ $\frac{1}{6} \times 5 = \frac{1 \times 5}{6 \times 1}$
$= \frac{5}{6}$

⑤ $\frac{2}{7} \times 3 = \frac{2 \times 3}{7 \times 1}$
$= \frac{6}{7}$

⑥ $\frac{1}{8} \times 7 = \frac{1 \times 7}{8 \times 1}$
$= \frac{7}{8}$

⑦ $\frac{1}{9} \times 5 = \frac{1 \times 5}{9 \times 1}$
$= \frac{5}{9}$

⑧ $\frac{2}{9} \times 2 = \frac{2 \times 2}{9 \times 1}$
$= \frac{4}{9}$

分数のかけ算 ③
分数×分数

1dLのペンキで、$\frac{3}{5}$ m²のかべをぬりました。このペンキ $\frac{1}{2}$ dLでは、かべを何m²ぬることができますか。

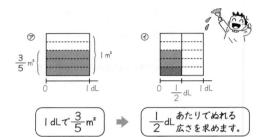

$$\boxed{1\,dL\text{で}\dfrac{3}{5}\,m^2} \Rightarrow \boxed{\dfrac{1}{2}\,dL\text{あたりでぬれる}\atop\text{広さを求めます。}}$$

① 図④の▨は、何m²ですか。　　（ $\frac{1}{10}$ m²）

② 図④では、▨が3つ分あります。　（ $\frac{3}{10}$ m²）
　 それは何m²ですか。

③ $\frac{3}{5}$ (m²) × $\frac{1}{2}$ (dL) = $\frac{3}{10}$ (m²)　となります。

　つまり、$\frac{3}{5} \times \frac{1}{2} = \frac{3\times1}{5\times2}$

　　　　　　　　 $= \frac{3}{10}$

30

分数のかけ算 ④
分数×分数

分数どうしのかけ算は、分母どうし、分子どうしをかけます。$\dfrac{\boxed{分子}}{\boxed{分母}} \times \dfrac{\boxed{分子}}{\boxed{分母}} = \dfrac{\boxed{分子}\times\boxed{分子}}{\boxed{分母}\times\boxed{分母}}$

次の計算をしましょう。

① $\frac{1}{2} \times \frac{1}{3} = \frac{1\times1}{2\times3}$　　② $\frac{3}{4} \times \frac{1}{4} = \frac{3\times1}{4\times4}$

　　　 $= \frac{1}{6}$　　　　　　　　 $= \frac{3}{16}$

③ $\frac{3}{4} \times \frac{3}{5} = \frac{3\times3}{4\times5}$　　④ $\frac{2}{5} \times \frac{1}{3} = \frac{2\times1}{5\times3}$

　　　 $= \frac{9}{20}$　　　　　　　 $= \frac{2}{15}$

⑤ $\frac{2}{5} \times \frac{2}{5} = \frac{2\times2}{5\times5}$　　⑥ $\frac{1}{7} \times \frac{5}{6} = \frac{1\times5}{7\times6}$

　　　 $= \frac{4}{25}$　　　　　　　 $= \frac{5}{42}$

31

分数のかけ算 ⑤
分数×分数（約分なし）

次の計算をしましょう。

① $\frac{3}{4} \times \frac{3}{7} = \frac{3\times3}{4\times7}$　　② $\frac{1}{2} \times \frac{3}{4} = \frac{1\times3}{2\times4}$

　　　 $= \frac{9}{28}$　　　　　　　 $= \frac{3}{8}$

③ $\frac{3}{8} \times \frac{3}{5} = \frac{3\times3}{8\times5}$　　④ $\frac{4}{5} \times \frac{7}{9} = \frac{4\times7}{5\times9}$

　　　 $= \frac{9}{40}$　　　　　　　 $= \frac{28}{45}$

⑤ $\frac{1}{4} \times \frac{5}{6} = \frac{1\times5}{4\times6}$　　⑥ $\frac{2}{3} \times \frac{4}{5} = \frac{2\times4}{3\times5}$

　　　 $= \frac{5}{24}$　　　　　　　 $= \frac{8}{15}$

⑦ $\frac{5}{7} \times \frac{3}{4} = \frac{5\times3}{7\times4}$　　⑧ $\frac{4}{7} \times \frac{2}{5} = \frac{4\times2}{7\times5}$

　　　 $= \frac{15}{28}$　　　　　　　 $= \frac{8}{35}$

32

分数のかけ算 ⑥
分数×分数（約分なし）

次の計算をしましょう。

① $\frac{1}{2} \times \frac{5}{7} = \frac{1\times5}{2\times7}$　　② $\frac{1}{3} \times \frac{5}{6} = \frac{1\times5}{3\times6}$

　　　 $= \frac{5}{14}$　　　　　　　 $= \frac{5}{18}$

③ $\frac{4}{5} \times \frac{2}{3} = \frac{4\times2}{5\times3}$　　④ $\frac{1}{4} \times \frac{3}{8} = \frac{1\times3}{4\times8}$

　　　 $= \frac{8}{15}$　　　　　　　 $= \frac{3}{32}$

⑤ $\frac{2}{3} \times \frac{4}{5} = \frac{2\times4}{3\times5}$　　⑥ $\frac{3}{5} \times \frac{3}{7} = \frac{3\times3}{5\times7}$

　　　 $= \frac{8}{15}$　　　　　　　 $= \frac{9}{35}$

⑦ $\frac{1}{5} \times \frac{2}{3} = \frac{1\times2}{5\times3}$　　⑧ $\frac{5}{6} \times \frac{1}{4} = \frac{5\times1}{6\times4}$

　　　 $= \frac{2}{15}$　　　　　　　 $= \frac{5}{24}$

33

分数×分数（約分１回）

ななめ方向にある数を見比べて、約分できる場合は、約分します。

$$\frac{3}{5} \times \frac{1}{6} = \frac{\cancel{3}^1 \times 1}{5 \times \cancel{6}_2}$$

3÷3＝1
6÷3＝2

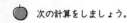 次の計算をしましょう。

① $\frac{2}{3} \times \frac{1}{4} = \frac{2 \times 1}{3 \times \cancel{4}_2}$
　　　$= \frac{1}{6}$

② $\frac{3}{4} \times \frac{5}{6} = \frac{3 \times 5}{4 \times \cancel{6}_2}$
　　　$= \frac{5}{8}$

③ $\frac{2}{5} \times \frac{1}{2} = \frac{2 \times 1}{5 \times \cancel{2}_1}$
　　　$= \frac{1}{5}$

④ $\frac{5}{6} \times \frac{1}{10} = \frac{5 \times 1}{6 \times \cancel{10}_2}$
　　　$= \frac{1}{12}$

⑤ $\frac{2}{7} \times \frac{1}{4} = \frac{2 \times 1}{7 \times \cancel{4}_2}$
　　　$= \frac{1}{14}$

⑥ $\frac{3}{8} \times \frac{1}{6} = \frac{3 \times 1}{8 \times \cancel{6}_2}$
　　　$= \frac{1}{16}$

分数×分数（約分１回）

次の計算をしましょう。

① $\frac{2}{3} \times \frac{1}{6} = \frac{2 \times 1}{3 \times \cancel{6}_3}$
　　　$= \frac{1}{9}$

② $\frac{2}{5} \times \frac{1}{4} = \frac{2 \times 1}{5 \times \cancel{4}_2}$
　　　$= \frac{1}{10}$

③ $\frac{3}{7} \times \frac{5}{6} = \frac{3 \times 5}{7 \times \cancel{6}_2}$
　　　$= \frac{5}{14}$

④ $\frac{3}{5} \times \frac{2}{3} = \frac{3 \times 2}{5 \times \cancel{3}_1}$
　　　$= \frac{2}{5}$

⑤ $\frac{5}{6} \times \frac{7}{10} = \frac{5 \times 7}{6 \times \cancel{10}_2}$
　　　$= \frac{7}{12}$

⑥ $\frac{3}{4} \times \frac{1}{9} = \frac{3 \times 1}{4 \times \cancel{9}_3}$
　　　$= \frac{1}{12}$

⑦ $\frac{5}{8} \times \frac{3}{5} = \frac{5 \times 3}{8 \times \cancel{5}_1}$
　　　$= \frac{3}{8}$

⑧ $\frac{4}{9} \times \frac{1}{6} = \frac{\cancel{4}^2 \times 1}{9 \times \cancel{6}_3}$
　　　$= \frac{2}{27}$

分数×分数（約分１回）

ななめ方向にある数を見比べて、約分します。

$$\frac{5}{6} \times \frac{3}{7} = \frac{5 \times \cancel{3}^1}{\cancel{6}_2 \times 7}$$

次の計算をしましょう。

① $\frac{2}{3} \times \frac{3}{5} = \frac{2 \times \cancel{3}^1}{\cancel{3}_1 \times 5}$
　　　$= \frac{2}{5}$

② $\frac{1}{4} \times \frac{2}{5} = \frac{1 \times \cancel{2}^1}{\cancel{4}_2 \times 5}$
　　　$= \frac{1}{10}$

③ $\frac{3}{4} \times \frac{2}{7} = \frac{3 \times \cancel{2}^1}{\cancel{4}_2 \times 7}$
　　　$= \frac{3}{14}$

④ $\frac{1}{2} \times \frac{4}{7} = \frac{1 \times \cancel{4}^2}{\cancel{2}_1 \times 7}$
　　　$= \frac{2}{7}$

⑤ $\frac{5}{6} \times \frac{2}{3} = \frac{5 \times \cancel{2}^1}{\cancel{6}_3 \times 3}$
　　　$= \frac{5}{9}$

⑥ $\frac{3}{8} \times \frac{4}{7} = \frac{3 \times \cancel{4}^1}{\cancel{8}_2 \times 7}$
　　　$= \frac{3}{14}$

分数×分数（約分１回）

次の計算をしましょう。

① $\frac{5}{6} \times \frac{3}{4} = \frac{5 \times \cancel{3}^1}{\cancel{6}_2 \times 4}$
　　　$= \frac{5}{8}$

② $\frac{3}{4} \times \frac{6}{7} = \frac{3 \times \cancel{6}^3}{\cancel{4}_2 \times 7}$
　　　$= \frac{9}{14}$

③ $\frac{1}{2} \times \frac{2}{9} = \frac{1 \times \cancel{2}^1}{\cancel{2}_1 \times 9}$
　　　$= \frac{1}{9}$

④ $\frac{1}{6} \times \frac{3}{4} = \frac{1 \times \cancel{3}^1}{\cancel{6}_2 \times 4}$
　　　$= \frac{1}{8}$

⑤ $\frac{5}{6} \times \frac{3}{7} = \frac{5 \times \cancel{3}^1}{\cancel{6}_2 \times 7}$
　　　$= \frac{5}{14}$

⑥ $\frac{1}{5} \times \frac{5}{6} = \frac{1 \times \cancel{5}^1}{\cancel{5}_1 \times 6}$
　　　$= \frac{1}{6}$

⑦ $\frac{3}{10} \times \frac{5}{7} = \frac{3 \times \cancel{5}^1}{\cancel{10}_2 \times 7}$
　　　$= \frac{3}{14}$

⑧ $\frac{3}{4} \times \frac{6}{11} = \frac{3 \times \cancel{6}^3}{\cancel{4}_2 \times 11}$
　　　$= \frac{9}{22}$

分数×分数（約分2回）

ななめ2方向とも約分できる場合もあります。

$$\frac{5}{6} \times \frac{4}{5} = \frac{\overset{1}{5} \times \overset{2}{4}}{\underset{3}{6} \times \underset{1}{5}}$$

次の計算をしましょう。

① $\frac{2}{3} \times \frac{3}{4} = \frac{\overset{1}{2} \times \overset{1}{3}}{\underset{1}{3} \times \underset{2}{4}}$
$\qquad = \frac{1}{2}$

② $\frac{3}{4} \times \frac{2}{9} = \frac{\overset{1}{3} \times \overset{1}{2}}{\underset{2}{4} \times \underset{3}{9}}$
$\qquad = \frac{1}{6}$

③ $\frac{2}{5} \times \frac{5}{6} = \frac{\overset{1}{2} \times \overset{1}{5}}{\underset{1}{5} \times \underset{3}{6}}$
$\qquad = \frac{1}{3}$

④ $\frac{5}{6} \times \frac{2}{5} = \frac{\overset{1}{5} \times \overset{1}{2}}{\underset{3}{6} \times \underset{1}{5}}$
$\qquad = \frac{1}{3}$

⑤ $\frac{2}{7} \times \frac{7}{8} = \frac{\overset{1}{2} \times \overset{1}{7}}{\underset{1}{7} \times \underset{4}{8}}$
$\qquad = \frac{1}{4}$

⑥ $\frac{5}{8} \times \frac{2}{5} = \frac{\overset{1}{5} \times \overset{1}{2}}{\underset{4}{8} \times \underset{1}{5}}$
$\qquad = \frac{1}{4}$

38

分数×分数（約分2回）

次の計算をしましょう。

① $\frac{5}{7} \times \frac{7}{10} = \frac{\overset{1}{5} \times \overset{1}{7}}{\underset{1}{7} \times \underset{2}{10}}$
$\qquad = \frac{1}{2}$

② $\frac{5}{6} \times \frac{3}{5} = \frac{\overset{1}{5} \times \overset{1}{3}}{\underset{2}{6} \times \underset{1}{5}}$
$\qquad = \frac{1}{2}$

③ $\frac{4}{5} \times \frac{5}{8} = \frac{\overset{1}{4} \times \overset{1}{5}}{\underset{1}{5} \times \underset{2}{8}}$
$\qquad = \frac{1}{2}$

④ $\frac{7}{8} \times \frac{2}{7} = \frac{\overset{1}{7} \times \overset{1}{2}}{\underset{4}{8} \times \underset{1}{7}}$
$\qquad = \frac{1}{4}$

⑤ $\frac{2}{9} \times \frac{3}{4} = \frac{\overset{1}{2} \times \overset{1}{3}}{\underset{3}{9} \times \underset{2}{4}}$
$\qquad = \frac{1}{6}$

⑥ $\frac{3}{10} \times \frac{2}{3} = \frac{\overset{1}{3} \times \overset{1}{2}}{\underset{5}{10} \times \underset{1}{3}}$
$\qquad = \frac{1}{5}$

⑦ $\frac{9}{10} \times \frac{5}{6} = \frac{\overset{3}{9} \times \overset{1}{5}}{\underset{2}{10} \times \underset{2}{6}}$
$\qquad = \frac{3}{4}$

⑧ $\frac{3}{4} \times \frac{8}{9} = \frac{\overset{1}{3} \times \overset{2}{8}}{\underset{1}{4} \times \underset{3}{9}}$
$\qquad = \frac{2}{3}$

39

整数×分数

次の計算をしましょう。

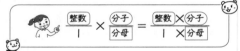

$$\frac{整数}{1} \times \frac{分子}{分母} = \frac{整数 \times 分子}{1 \times 分母}$$

① $2 \times \frac{2}{5} = \frac{2 \times 2}{1 \times 5}$
$\qquad = \frac{4}{5}$

② $2 \times \frac{3}{7} = \frac{2 \times 3}{1 \times 7}$
$\qquad = \frac{6}{7}$

③ $5 \times \frac{1}{8} = \frac{5 \times 1}{1 \times 8}$
$\qquad = \frac{5}{8}$

④ $3 \times \frac{2}{7} = \frac{3 \times 2}{1 \times 7}$
$\qquad = \frac{6}{7}$

⑤ $4 \times \frac{1}{8} = \frac{\overset{1}{4} \times 1}{1 \times \underset{2}{8}}$
$\qquad = \frac{1}{2}$

⑥ $3 \times \frac{1}{9} = \frac{\overset{1}{3} \times 1}{1 \times \underset{3}{9}}$
$\qquad = \frac{1}{3}$

40

帯分数のかけ算

$$2\frac{4}{5} \times \frac{5}{7} = \frac{14}{5} \times \frac{5}{7} = \frac{\overset{2}{14} \times \overset{1}{5}}{\underset{1}{5} \times \underset{1}{7}}$$

帯分数は仮分数に

$$= 2$$

次の計算をしましょう。答えの仮分数は帯分数にしましょう。

① $3\frac{3}{4} \times \frac{2}{5} = \frac{15}{4} \times \frac{2}{5} = \frac{\overset{3}{15} \times \overset{1}{2}}{\underset{2}{4} \times \underset{1}{5}}$
$\qquad\qquad = \frac{3}{2} = 1\frac{1}{2}$

② $2\frac{2}{5} \times 1\frac{7}{8} = \frac{12}{5} \times \frac{15}{8} = \frac{\overset{3}{12} \times \overset{3}{15}}{\underset{1}{5} \times \underset{2}{8}}$
$\qquad\qquad = \frac{9}{2} = 4\frac{1}{2}$

③ $1\frac{1}{5} \times 2\frac{7}{9} = \frac{6}{5} \times \frac{25}{9} = \frac{\overset{2}{6} \times \overset{5}{25}}{\underset{1}{5} \times \underset{3}{9}}$
$\qquad\qquad = \frac{10}{3} = 3\frac{1}{3}$

41

10

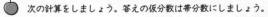

分数のかけ算 ⑮
帯分数のかけ算

次の計算をしましょう。答えの仮分数は帯分数にしましょう。

① $3\frac{1}{3} \times 4\frac{1}{5} = \frac{10}{3} \times \frac{21}{5} = \frac{\overset{2}{\cancel{10}} \times \overset{7}{\cancel{21}}}{\underset{1}{\cancel{3}} \times \underset{1}{\cancel{5}}}$

$= 14$

② $\frac{3}{11} \times 1\frac{2}{9} = \frac{3}{11} \times \frac{11}{9} = \frac{\overset{1}{\cancel{3}} \times \overset{1}{\cancel{11}}}{\underset{1}{\cancel{11}} \times \underset{3}{\cancel{9}}}$

$= \frac{1}{3}$

③ $1\frac{1}{8} \times 1\frac{1}{3} = \frac{9}{8} \times \frac{4}{3} = \frac{\overset{3}{\cancel{9}} \times \overset{1}{\cancel{4}}}{\underset{2}{\cancel{8}} \times \underset{1}{\cancel{3}}}$

$= \frac{3}{2} = 1\frac{1}{2}$

④ $1\frac{4}{5} \times 2\frac{2}{9} = \frac{9}{5} \times \frac{20}{9} = \frac{\overset{1}{\cancel{9}} \times \overset{4}{\cancel{20}}}{\underset{1}{\cancel{5}} \times \underset{1}{\cancel{9}}}$

$= 4$

42

分数のかけ算 ⑯
文章題

① 1mあたりの重さが$\frac{7}{8}$kgの鉄の棒があります。
この鉄の棒$\frac{4}{5}$mの重さは何kgですか。

式　$\frac{7}{8} \times \frac{4}{5} = \frac{7 \times \overset{1}{\cancel{4}}}{\underset{2}{\cancel{8}} \times 5} = \frac{7}{10}$

答え　$\frac{7}{10}$kg

② 公園に18人います。そのうち$\frac{5}{6}$が子どもです。
子どもは何人ですか。

式　$18 \times \frac{5}{6} = \frac{\overset{3}{\cancel{18}} \times 5}{1 \times \underset{1}{\cancel{6}}} = 15$

答え　15人

③ 1辺が$2\frac{1}{4}$mの正方形の面積は何m²ですか。

式　$2\frac{1}{4} \times 2\frac{1}{4} = \frac{9}{4} \times \frac{9}{4} = \frac{9 \times 9}{4 \times 4}$

$= \frac{81}{16} = 5\frac{1}{16}$

答え　$5\frac{1}{16}$m²

④ 積がかけられる数より小さくなる式はどれですか。

⑦ $\frac{1}{2} \times 1\frac{2}{3}$ 　　④ $\frac{3}{4} \times \frac{2}{7}$

⑦ $\frac{4}{5} \times \frac{7}{6}$ 　　⑤ $3 \times \frac{3}{5}$ 　（ ④、⑤ ）

43

まとめ ⑤
分数のかけ算　／50点

① ☐ にあてはまる言葉をかきましょう。 (1つ5点／10点)

$\frac{分子}{分母} \times \frac{分子}{分母} = \frac{分子 \times 分子}{分母 \times 分母}$

② 次の計算をしましょう。答えは仮分数のままでよい。 (1つ5点／40点)

① $8 \times \frac{2}{5} = \frac{8 \times 2}{1 \times 5}$

$= \frac{16}{5}$

② $6 \times \frac{3}{4} = \frac{\overset{3}{\cancel{6}} \times 3}{1 \times \underset{2}{\cancel{4}}}$

$= \frac{9}{2}$

③ $\frac{5}{6} \times \frac{7}{9} = \frac{5 \times 7}{6 \times 9}$

$= \frac{35}{54}$

④ $\frac{3}{5} \times \frac{5}{7} = \frac{3 \times \overset{1}{\cancel{5}}}{\underset{1}{\cancel{5}} \times 7}$

$= \frac{3}{7}$

⑤ $\frac{1}{2} \times \frac{4}{7} = \frac{1 \times \overset{2}{\cancel{4}}}{\underset{1}{\cancel{2}} \times 7}$

$= \frac{2}{7}$

⑥ $\frac{5}{3} \times \frac{3}{7} = \frac{5 \times \overset{1}{\cancel{3}}}{\underset{1}{\cancel{3}} \times 7}$

$= \frac{5}{14}$

⑦ $\frac{5}{8} \times \frac{4}{15} = \frac{\overset{1}{\cancel{5}} \times \overset{1}{\cancel{4}}}{\underset{2}{\cancel{8}} \times \underset{3}{\cancel{15}}}$

$= \frac{1}{6}$

⑧ $\frac{2}{9} \times \frac{3}{10} = \frac{\overset{1}{\cancel{2}} \times \overset{1}{\cancel{3}}}{\underset{3}{\cancel{9}} \times \underset{5}{\cancel{10}}}$

$= \frac{1}{15}$

44

まとめ ⑥
分数のかけ算　／50点

① 積が5より小さくなる式を選びましょう。 (完答10点)

⑦ $5 \times \frac{2}{3}$ 　　④ $5 \times \frac{5}{4}$

⑦ $5 \times 1\frac{1}{2}$ 　　⑤ $5 \times \frac{7}{9}$ 　（ ⑦、⑤ ）

② ペンキ1dLでかべが$\frac{3}{5}$m²ぬれます。ペンキ$\frac{8}{9}$dLでぬれるかべの面積は何m²ですか。 (10点)

式　$\frac{3}{5} \times \frac{8}{9} = \frac{\overset{1}{\cancel{3}} \times 8}{5 \times \underset{3}{\cancel{9}}} = \frac{8}{15}$

答え　$\frac{8}{15}$m²

③ 縦$\frac{2}{3}$m、横$\frac{9}{10}$mの長方形の面積は何m²ですか。 (10点)

式　$\frac{2}{3} \times \frac{9}{10} = \frac{\overset{1}{\cancel{2}} \times \overset{3}{\cancel{9}}}{\underset{1}{\cancel{3}} \times \underset{5}{\cancel{10}}} = \frac{3}{5}$

答え　$\frac{3}{5}$m²

④ 1Lの重さが900gの油があります。この油$\frac{1}{6}$Lの重さは何gですか。 (10点)

式　$900 \times \frac{1}{6} = \frac{\overset{150}{\cancel{900}} \times 1}{1 \times \underset{1}{\cancel{6}}} = 150$

答え　150g

⑤ 時速60kmで走る車は、$\frac{2}{3}$時間で何km走りますか。 (10点)

式　$60 \times \frac{2}{3} = \frac{\overset{20}{\cancel{60}} \times 2}{1 \times \underset{1}{\cancel{3}}} = 40$

答え　40km

45

分数のわり算①
分数÷整数

かべを $\frac{3}{5}$ m² ぬるのに、ペンキを 2dL 使いました。このペンキ 1dL では、かべを何 m² ぬることができますか。

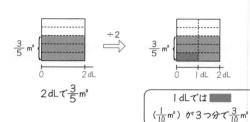

2dL で $\frac{3}{5}$ m²

1dL では ▓▓ $\left(\frac{1}{10}$ m²$\right)$ が3つ分で $\frac{3}{10}$ m²

式　$\frac{3}{5} \div 2 = \frac{3}{5 \times 2} = \frac{3}{10}$

整数2は $\frac{2}{1}$ だから

$\frac{3}{5} \div 2 = \frac{3}{5} \div \frac{2}{1} = \frac{3 \times 1}{5 \times 2} = \frac{3}{10}$ と考えていいようです。

$\boxed{分子} \div \boxed{整数} = \boxed{分子} \times 1$
$\boxed{分母} \div \boxed{1} = \frac{分子 \times 1}{分母 \times 整数}$

46

分数のわり算②
分数÷整数

次の計算をしましょう。

① $\frac{2}{5} \div 3 = \frac{2 \times 1}{5 \times 3}$
　　　$= \frac{2}{15}$

② $\frac{1}{2} \div 4 = \frac{1 \times 1}{2 \times 4}$
　　　$= \frac{1}{8}$

③ $\frac{2}{3} \div 3 = \frac{2 \times 1}{3 \times 3}$
　　　$= \frac{2}{9}$

④ $\frac{5}{6} \div 4 = \frac{5 \times 1}{6 \times 4}$
　　　$= \frac{5}{24}$

⑤ $\frac{1}{4} \div 2 = \frac{1 \times 1}{4 \times 2}$
　　　$= \frac{1}{8}$

⑥ $\frac{3}{7} \div 5 = \frac{3 \times 1}{7 \times 5}$
　　　$= \frac{3}{35}$

⑦ $\frac{4}{9} \div 7 = \frac{4 \times 1}{9 \times 7}$
　　　$= \frac{4}{63}$

⑧ $\frac{5}{8} \div 3 = \frac{5 \times 1}{8 \times 3}$
　　　$= \frac{5}{24}$

47

分数のわり算③
分数÷分数

$\frac{1}{2}$ dL のペンキで、$\frac{2}{5}$ m² のかべをぬりました。
このペンキ 1dL では、かべを何 m² ぬることができますか。

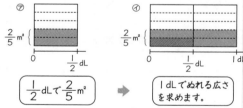

$\frac{1}{2}$ dL で $\frac{2}{5}$ m²　➡　1dL でぬれる広さを求めます。

1dL でぬれる広さ（m²）を求めるので、

$\frac{2}{5}$（m²）$\div \frac{1}{2}$（dL）　となります。

図⑦を見ると ▓▓（$\frac{1}{5}$ m²）が4つ分あるので、答えは $\frac{4}{5}$ m² となります。

$\frac{2}{5} \div \frac{1}{2} = \frac{4}{5}$　です。

つまり、$\frac{2}{5} \div \frac{1}{2} = \frac{2}{5} \times \frac{2}{1}$
　　　　　　　　　$= \frac{2 \times 2}{5 \times 1}$
　　　　　　　　　$= \frac{4}{5}$　となります。

48

分数のわり算④
逆　数

2つの数の積が1になるとき、一方の数を他方の数の逆数といいます。

1　次の数の逆数をかきましょう。

① $\frac{2}{3} \rightarrow \frac{3}{2}$

② $\frac{4}{5} \rightarrow \frac{5}{4}$

③ $\frac{8}{7} \rightarrow \frac{7}{8}$

④ $\frac{10}{9} \rightarrow \frac{9}{10}$

整数の逆数
3を分数にすると $\frac{3}{1}$。　$\frac{3}{1}$ の逆数は $\frac{1}{3}$。　3の逆数は $\frac{1}{3}$。

小数の逆数
0.7を分数で表すと $\frac{7}{10}$。　0.7の逆数は $\frac{10}{7}$。

2　次の数の逆数をかきましょう。

① $4 \rightarrow \frac{1}{4}$

② $6 \rightarrow \frac{1}{6}$

③ $0.3 \rightarrow \frac{10}{3}$

④ $0.9 \rightarrow \frac{10}{9}$

49

分数のわり算 ⑤
分数÷分数（約分なし）

月　　日　名前

分数のわり算は、わる分数の分母と分子を逆にして
（逆数を）かけます。
$$\frac{3}{4} \div \frac{4}{5} = \frac{3}{4} \times \frac{5}{4}$$

次の計算をしましょう。

① $\dfrac{3}{5} \div \dfrac{2}{3} = \dfrac{3}{5} \times \dfrac{3}{2}$

$= \dfrac{3 \times 3}{5 \times 2}$

$= \dfrac{9}{10}$

② $\dfrac{2}{7} \div \dfrac{3}{8} = \dfrac{2}{7} \times \dfrac{8}{3}$

$= \dfrac{2 \times 8}{7 \times 3}$

$= \dfrac{16}{21}$

③ $\dfrac{1}{4} \div \dfrac{3}{5} = \dfrac{1}{4} \times \dfrac{5}{3}$

$= \dfrac{1 \times 5}{4 \times 3}$

$= \dfrac{5}{12}$

④ $\dfrac{5}{9} \div \dfrac{3}{5} = \dfrac{5}{9} \times \dfrac{5}{3}$

$= \dfrac{5 \times 5}{9 \times 3}$

$= \dfrac{25}{27}$

分数のわり算 ⑥
分数÷分数（約分なし）

月　　日　名前

次の計算をしましょう。（答えは仮分数のままでよい。）

① $\dfrac{2}{3} \div \dfrac{3}{4} = \dfrac{2}{3} \times \dfrac{4}{3}$

$= \dfrac{2 \times 4}{3 \times 3}$

$= \dfrac{8}{9}$

② $\dfrac{1}{5} \div \dfrac{5}{8} = \dfrac{1}{5} \times \dfrac{8}{5}$

$= \dfrac{1 \times 8}{5 \times 5}$

$= \dfrac{8}{25}$

③ $\dfrac{1}{6} \div \dfrac{2}{7} = \dfrac{1}{6} \times \dfrac{7}{2}$

$= \dfrac{1 \times 7}{6 \times 2}$

$= \dfrac{7}{12}$

④ $\dfrac{1}{4} \div \dfrac{4}{7} = \dfrac{1}{4} \times \dfrac{7}{4}$

$= \dfrac{1 \times 7}{4 \times 4}$

$= \dfrac{7}{16}$

⑤ $\dfrac{5}{7} \div \dfrac{3}{8} = \dfrac{5}{7} \times \dfrac{8}{3}$

$= \dfrac{5 \times 8}{7 \times 3}$

$= \dfrac{40}{21}$

⑥ $\dfrac{4}{5} \div \dfrac{5}{8} = \dfrac{4}{5} \times \dfrac{8}{5}$

$= \dfrac{4 \times 8}{5 \times 5}$

$= \dfrac{32}{25}$

分数のわり算 ⑦
分数÷分数（約分1回）

月　　日　名前

分数のわり算をかけ算に直して計算するとき、
約分できる場合は、約分します。

次の計算をしましょう。（答えは仮分数のままでよい。）

① $\dfrac{2}{3} \div \dfrac{4}{5} = \dfrac{2}{3} \times \dfrac{5}{4}$

$= \dfrac{\overset{1}{2} \times 5}{3 \times \underset{2}{4}}$

$= \dfrac{5}{6}$

② $\dfrac{5}{6} \div \dfrac{10}{11} = \dfrac{5}{6} \times \dfrac{11}{10}$

$= \dfrac{\overset{1}{5} \times 11}{6 \times \underset{2}{10}}$

$= \dfrac{11}{12}$

③ $\dfrac{4}{5} \div \dfrac{6}{7} = \dfrac{4}{5} \times \dfrac{7}{6}$

$= \dfrac{\overset{2}{4} \times 7}{5 \times \underset{3}{6}}$

$= \dfrac{14}{15}$

④ $\dfrac{4}{7} \div \dfrac{4}{9} = \dfrac{4}{7} \times \dfrac{9}{4}$

$= \dfrac{\overset{1}{4} \times 9}{7 \times \underset{1}{4}}$

$= \dfrac{9}{7}$

分数のわり算 ⑧
分数÷分数（約分1回）

月　　日　名前

次の計算をしましょう。

① $\dfrac{5}{12} \div \dfrac{5}{7} = \dfrac{5}{12} \times \dfrac{7}{5}$

$= \dfrac{\overset{1}{5} \times 7}{12 \times \underset{1}{5}}$

$= \dfrac{7}{12}$

② $\dfrac{2}{5} \div \dfrac{4}{7} = \dfrac{2}{5} \times \dfrac{7}{4}$

$= \dfrac{\overset{1}{2} \times 7}{5 \times \underset{2}{4}}$

$= \dfrac{7}{10}$

③ $\dfrac{2}{7} \div \dfrac{2}{5} = \dfrac{2}{7} \times \dfrac{5}{2}$

$= \dfrac{\overset{1}{2} \times 5}{7 \times \underset{1}{2}}$

$= \dfrac{5}{7}$

④ $\dfrac{3}{5} \div \dfrac{9}{11} = \dfrac{3}{5} \times \dfrac{11}{9}$

$= \dfrac{\overset{1}{3} \times 11}{5 \times \underset{3}{9}}$

$= \dfrac{11}{15}$

⑤ $\dfrac{4}{7} \div \dfrac{8}{11} = \dfrac{4}{7} \times \dfrac{11}{8}$

$= \dfrac{\overset{1}{4} \times 11}{7 \times \underset{2}{8}}$

$= \dfrac{11}{14}$

⑥ $\dfrac{4}{9} \div \dfrac{6}{7} = \dfrac{4}{9} \times \dfrac{7}{6}$

$= \dfrac{\overset{2}{4} \times 7}{9 \times \underset{3}{6}}$

$= \dfrac{14}{27}$

分数のわり算 ⑨
分数÷分数（約分1回）

分数のわり算をかけ算に直して計算するとき、約分できる場合は、約分します。

次の計算をしましょう。

① $\dfrac{1}{2} \div \dfrac{5}{6} = \dfrac{1}{2} \times \dfrac{6}{5}$

$= \dfrac{1 \times \overset{3}{\cancel{6}}}{\underset{1}{\cancel{2}} \times 5}$

$= \dfrac{3}{5}$

② $\dfrac{2}{3} \div \dfrac{7}{9} = \dfrac{2}{3} \times \dfrac{9}{7}$

$= \dfrac{2 \times \overset{3}{\cancel{9}}}{\underset{1}{\cancel{3}} \times 7}$

$= \dfrac{6}{7}$

③ $\dfrac{5}{8} \div \dfrac{3}{4} = \dfrac{5}{8} \times \dfrac{4}{3}$

$= \dfrac{5 \times \overset{1}{\cancel{4}}}{\underset{2}{\cancel{8}} \times 3}$

$= \dfrac{5}{6}$

④ $\dfrac{1}{6} \div \dfrac{3}{8} = \dfrac{1}{6} \times \dfrac{8}{3}$

$= \dfrac{1 \times \overset{4}{\cancel{8}}}{\underset{3}{\cancel{6}} \times 3}$

$= \dfrac{4}{9}$

54

分数のわり算 ⑩
分数÷分数（約分1回）

次の計算をしましょう。

① $\dfrac{3}{4} \div \dfrac{5}{6} = \dfrac{3}{4} \times \dfrac{6}{5}$

$= \dfrac{3 \times \overset{3}{\cancel{6}}}{\underset{2}{\cancel{4}} \times 5}$

$= \dfrac{9}{10}$

② $\dfrac{3}{5} \div \dfrac{7}{10} = \dfrac{3}{5} \times \dfrac{10}{7}$

$= \dfrac{3 \times \overset{2}{\cancel{10}}}{\underset{1}{\cancel{5}} \times 7}$

$= \dfrac{6}{7}$

③ $\dfrac{5}{6} \div \dfrac{8}{9} = \dfrac{5}{6} \times \dfrac{9}{8}$

$= \dfrac{5 \times \overset{3}{\cancel{9}}}{\underset{2}{\cancel{6}} \times 8}$

$= \dfrac{15}{16}$

④ $\dfrac{2}{7} \div \dfrac{5}{7} = \dfrac{2}{7} \times \dfrac{7}{5}$

$= \dfrac{2 \times \overset{1}{\cancel{7}}}{\underset{1}{\cancel{7}} \times 5}$

$= \dfrac{2}{5}$

⑤ $\dfrac{1}{2} \div \dfrac{3}{4} = \dfrac{1}{2} \times \dfrac{4}{3}$

$= \dfrac{1 \times \overset{2}{\cancel{4}}}{\underset{1}{\cancel{2}} \times 3}$

$= \dfrac{2}{3}$

⑥ $\dfrac{3}{4} \div \dfrac{7}{8} = \dfrac{3}{4} \times \dfrac{8}{7}$

$= \dfrac{3 \times \overset{2}{\cancel{8}}}{\underset{1}{\cancel{4}} \times 7}$

$= \dfrac{6}{7}$

55

分数のわり算 ⑪
分数÷分数（約分2回）

分数のわり算をかけ算に直して計算するとき、約分できる場合は、約分します。2組の約分があります。

次の計算をしましょう。（答えは仮分数のままでよい。）

① $\dfrac{2}{3} \div \dfrac{8}{9} = \dfrac{2}{3} \times \dfrac{9}{8}$

$= \dfrac{\overset{1}{\cancel{2}} \times \overset{3}{\cancel{9}}}{\underset{1}{\cancel{3}} \times \underset{4}{\cancel{8}}}$

$= \dfrac{3}{4}$

② $\dfrac{5}{6} \div \dfrac{5}{12} = \dfrac{5}{6} \times \dfrac{12}{5}$

$= \dfrac{\overset{1}{\cancel{5}} \times \overset{2}{\cancel{12}}}{\underset{1}{\cancel{6}} \times \underset{1}{\cancel{5}}}$

$= 2$

③ $\dfrac{3}{4} \div \dfrac{9}{10} = \dfrac{3}{4} \times \dfrac{10}{9}$

$= \dfrac{\overset{1}{\cancel{3}} \times \overset{5}{\cancel{10}}}{\underset{2}{\cancel{4}} \times \underset{3}{\cancel{9}}}$

$= \dfrac{5}{6}$

④ $\dfrac{3}{5} \div \dfrac{9}{10} = \dfrac{3}{5} \times \dfrac{10}{9}$

$= \dfrac{\overset{1}{\cancel{3}} \times \overset{2}{\cancel{10}}}{\underset{1}{\cancel{5}} \times \underset{3}{\cancel{9}}}$

$= \dfrac{2}{3}$

56

分数のわり算 ⑫
分数÷分数（約分2回）

次の計算をしましょう。

① $\dfrac{2}{5} \div \dfrac{4}{5} = \dfrac{2}{5} \times \dfrac{5}{4}$

$= \dfrac{\overset{1}{\cancel{2}} \times \overset{1}{\cancel{5}}}{\underset{1}{\cancel{5}} \times \underset{2}{\cancel{4}}}$

$= \dfrac{1}{2}$

② $\dfrac{2}{7} \div \dfrac{6}{7} = \dfrac{2}{7} \times \dfrac{7}{6}$

$= \dfrac{\overset{1}{\cancel{2}} \times \overset{1}{\cancel{7}}}{\underset{1}{\cancel{7}} \times \underset{3}{\cancel{6}}}$

$= \dfrac{1}{3}$

③ $\dfrac{3}{8} \div \dfrac{9}{10} = \dfrac{3}{8} \times \dfrac{10}{9}$

$= \dfrac{\overset{1}{\cancel{3}} \times \overset{5}{\cancel{10}}}{\underset{4}{\cancel{8}} \times \underset{3}{\cancel{9}}}$

$= \dfrac{5}{12}$

④ $\dfrac{2}{9} \div \dfrac{4}{9} = \dfrac{2}{9} \times \dfrac{9}{4}$

$= \dfrac{\overset{1}{\cancel{2}} \times \overset{1}{\cancel{9}}}{\underset{1}{\cancel{9}} \times \underset{2}{\cancel{4}}}$

$= \dfrac{1}{2}$

⑤ $\dfrac{7}{10} \div \dfrac{7}{8} = \dfrac{7}{10} \times \dfrac{8}{7}$

$= \dfrac{\overset{1}{\cancel{7}} \times \overset{4}{\cancel{8}}}{\underset{5}{\cancel{10}} \times \underset{1}{\cancel{7}}}$

$= \dfrac{4}{5}$

⑥ $\dfrac{5}{12} \div \dfrac{5}{6} = \dfrac{5}{12} \times \dfrac{6}{5}$

$= \dfrac{\overset{1}{\cancel{5}} \times \overset{1}{\cancel{6}}}{\underset{2}{\cancel{12}} \times \underset{1}{\cancel{5}}}$

$= \dfrac{1}{2}$

57

分数のわり算 ⑬
整数÷分数

次の計算をしましょう。（答えは仮分数のままでよい。）

① $3 \div \dfrac{4}{5} = \dfrac{3}{1} \times \dfrac{5}{4}$

$= \dfrac{3 \times 5}{1 \times 4}$

$= \dfrac{15}{4}$

・まず整数を、1を分母とする分数にします。
・÷分数を、分母と分子を入れかえて、かけ算にします。

② $4 \div \dfrac{6}{7} = \dfrac{4}{1} \times \dfrac{7}{6}$

$= \dfrac{\overset{2}{4} \times 7}{1 \times \underset{3}{6}}$

$= \dfrac{14}{3}$

③ $5 \div \dfrac{10}{7} = \dfrac{5}{1} \times \dfrac{7}{10}$

$= \dfrac{\overset{1}{5} \times 7}{1 \times \underset{2}{10}}$

$= \dfrac{7}{2}$

58

分数のわり算 ⑭
帯分数のわり算

$$1\dfrac{3}{7} \div \dfrac{2}{3} = \dfrac{10}{7} \times \dfrac{3}{2} = \dfrac{\overset{5}{10} \times 3}{7 \times \underset{1}{2}}$$

帯分数は仮分数に

$$= \dfrac{15}{7} = 2\dfrac{1}{7}$$

次の計算をしましょう。

① $1\dfrac{1}{11} \div \dfrac{8}{55} = \dfrac{12}{11} \times \dfrac{55}{8} = \dfrac{\overset{3}{12} \times \overset{5}{55}}{\underset{1}{11} \times \underset{2}{8}}$

$= \dfrac{15}{2} = 7\dfrac{1}{2}$

② $4\dfrac{1}{6} \div 1\dfrac{7}{8} = \dfrac{25}{6} \times \dfrac{8}{15} = \dfrac{\overset{5}{25} \times \overset{4}{8}}{\underset{3}{6} \times \underset{3}{15}}$

$= \dfrac{20}{9} = 2\dfrac{2}{9}$

③ $1\dfrac{2}{3} \div 2\dfrac{2}{9} = \dfrac{5}{3} \times \dfrac{9}{20} = \dfrac{\overset{1}{5} \times \overset{3}{9}}{\underset{1}{3} \times \underset{4}{20}}$

$= \dfrac{3}{4}$

59

分数のわり算 ⑮
帯分数のわり算

次の計算をしましょう。

① $4\dfrac{1}{6} \div 3\dfrac{3}{4} = \dfrac{25}{6} \times \dfrac{4}{15} = \dfrac{\overset{5}{25} \times \overset{2}{4}}{\underset{3}{6} \times \underset{3}{15}}$

$= \dfrac{10}{9} = 1\dfrac{1}{9}$

② $\dfrac{15}{22} \div 1\dfrac{1}{4} = \dfrac{15}{22} \times \dfrac{4}{5} = \dfrac{\overset{3}{15} \times \overset{2}{4}}{\underset{11}{22} \times \underset{1}{5}}$

$= \dfrac{6}{11}$

③ $3\dfrac{3}{8} \div 2\dfrac{1}{4} = \dfrac{27}{8} \times \dfrac{4}{9} = \dfrac{\overset{3}{27} \times \overset{1}{4}}{\underset{2}{8} \times \underset{1}{9}}$

$= \dfrac{3}{2} = 1\dfrac{1}{2}$

④ $3\dfrac{1}{9} \div 2\dfrac{1}{3} = \dfrac{28}{9} \times \dfrac{3}{7} = \dfrac{\overset{4}{28} \times \overset{1}{3}}{\underset{3}{9} \times \underset{1}{7}}$

$= \dfrac{4}{3} = 1\dfrac{1}{3}$

60

分数のわり算 ⑯
文章題

① $\dfrac{2}{3}$dLのペンキで、$\dfrac{4}{9}$m²のかべをぬりました。このペンキ1dLでは、かべを何m²ぬることができますか。

式　$\dfrac{4}{9} \div \dfrac{2}{3} = \dfrac{4}{9} \times \dfrac{3}{2} = \dfrac{\overset{2}{4} \times \overset{1}{3}}{\underset{3}{9} \times \underset{1}{2}} = \dfrac{2}{3}$

答え　$\dfrac{2}{3}$m²

② 家から車で12km走りました。これは、行き先までの$\dfrac{3}{4}$にあたります。家から行き先まで何kmありますか。

式　$12 \div \dfrac{3}{4} = \dfrac{12}{1} \times \dfrac{4}{3} = \dfrac{\overset{4}{12} \times 4}{1 \times \underset{1}{3}} = 16$

答え　16km

③ $\dfrac{2}{5}$mの重さが$\dfrac{3}{4}$kgの鉄の棒があります。

① この鉄の棒の1kgの長さは何mですか。

式　$\dfrac{2}{5} \div \dfrac{3}{4} = \dfrac{2}{5} \times \dfrac{4}{3} = \dfrac{2 \times 4}{5 \times 3} = \dfrac{8}{15}$

答え　$\dfrac{8}{15}$m

② この鉄の棒の1mの重さは何kgですか。

式　$\dfrac{3}{4} \div \dfrac{2}{5} = \dfrac{3}{4} \times \dfrac{5}{2} = \dfrac{3 \times 5}{4 \times 2} = \dfrac{15}{8}$

答え　$\dfrac{15}{8}$kg

61

15

まとめ ⑦ 分数のわり算 /50点

① 次の計算をしましょう。 (1つ6点／36点)

① $\dfrac{3}{4} \div 3 = \dfrac{3}{4} \times \dfrac{1}{3}$
$= \dfrac{\cancel{3} \times 1}{4 \times \cancel{3}_1}$
$= \dfrac{1}{4}$

② $6 \div \dfrac{2}{3} = \dfrac{6}{1} \times \dfrac{3}{2}$
$= \dfrac{\cancel{6}^3 \times 3}{1 \times \cancel{2}_1}$
$= 9$

③ $\dfrac{1}{3} \div \dfrac{7}{12} = \dfrac{1}{3} \times \dfrac{12}{7}$
$= \dfrac{1 \times \cancel{12}^4}{\cancel{3} \times 7}$
$= \dfrac{4}{7}$

④ $\dfrac{3}{5} \div \dfrac{9}{11} = \dfrac{3}{5} \times \dfrac{11}{9}$
$= \dfrac{\cancel{3} \times 11}{5 \times \cancel{9}_3}$
$= \dfrac{11}{15}$

⑤ $\dfrac{3}{8} \div \dfrac{9}{10} = \dfrac{3}{8} \times \dfrac{10}{9}$
$= \dfrac{\cancel{3} \times \cancel{10}^5}{\cancel{8}_4 \times \cancel{9}_3}$
$= \dfrac{5}{12}$

⑥ $\dfrac{5}{6} \div \dfrac{5}{12} = \dfrac{5}{6} \times \dfrac{12}{5}$
$= \dfrac{\cancel{5} \times \cancel{12}^2}{\cancel{6}_1 \times \cancel{5}}$
$= 2$

② 商が大きくなる順に並べましょう。 (完答14点)

⑦ $5 \div \dfrac{6}{5}$　⑦ $5 \div \dfrac{5}{6}$　⑦ $5 \div \dfrac{1}{6}$　（⑦→⑦→⑦）

62

まとめ ⑧ 分数のわり算 /50点

① 底辺の長さが $\dfrac{2}{3}$ mで、面積が $\dfrac{8}{27}$ m² の平行四辺形があります。高さを求めましょう。 (10点)

式 $\dfrac{8}{27} \div \dfrac{2}{3} = \dfrac{8}{27} \times \dfrac{3}{2} = \dfrac{\cancel{8}^4 \times \cancel{3}^1}{\cancel{27}_9 \times \cancel{2}_1} = \dfrac{4}{9}$　答え $\dfrac{4}{9}$ m

② $\dfrac{2}{3}$ mの重さが $\dfrac{8}{9}$ kgの鉄の棒があります。この鉄の棒1mの重さは何kgですか。 (10点)

式 $\dfrac{8}{9} \div \dfrac{2}{3} = \dfrac{8}{9} \times \dfrac{3}{2} = \dfrac{\cancel{8}^4 \times \cancel{3}^1}{\cancel{9}_3 \times \cancel{2}_1} = \dfrac{4}{3}$　答え $\dfrac{4}{3}$ kg $\left(1\dfrac{1}{3}\text{ kg}\right)$

③ 犬が好きな人は9人で、クラス全体の $\dfrac{3}{10}$ にあたります。クラスは何人いますか。 (10点)

式 $9 \div \dfrac{3}{10} = \dfrac{9}{1} \times \dfrac{10}{3} = \dfrac{\cancel{9}^3 \times 10}{1 \times \cancel{3}_1} = 30$　答え 30人

④ $\dfrac{5}{6}$ dLのペンキで $\dfrac{4}{9}$ m² のかべをぬりました。

① このペンキ1dLでぬれるかべは何m² ですか。 (10点)

式 $\dfrac{4}{9} \div \dfrac{5}{6} = \dfrac{4}{9} \times \dfrac{6}{5} = \dfrac{4 \times \cancel{6}^2}{\cancel{9}_3 \times 5} = \dfrac{8}{15}$　答え $\dfrac{8}{15}$ m²

② このかべ1m² ぬるには何dLのペンキがいりますか。 (10点)

式 $\dfrac{5}{6} \div \dfrac{4}{9} = \dfrac{5}{6} \times \dfrac{9}{4} = \dfrac{5 \times \cancel{9}^3}{\cancel{6}_2 \times 4} = \dfrac{15}{8}$　答え $\dfrac{15}{8}$ dL $\left(1\dfrac{7}{8}\text{ dL}\right)$

63

いろいろな分数 ①
時間と分数

① 何時間ですか。分数で表しましょう。

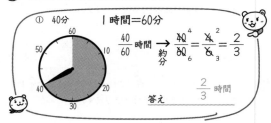

① 40分　1時間＝60分

$\dfrac{40}{60}$ 時間 → 約分 $\dfrac{\cancel{40}^4}{\cancel{60}_6} = \dfrac{\cancel{4}^2}{\cancel{6}_3} = \dfrac{2}{3}$

答え $\dfrac{2}{3}$ 時間

② 30分＝$\dfrac{30}{60}$ 時間
　＝$\dfrac{1}{2}$ 時間

③ 5分＝$\dfrac{5}{60}$ 時間
　＝$\dfrac{1}{12}$ 時間

④ 15分＝$\dfrac{15}{60}$ 時間
　＝$\dfrac{1}{4}$ 時間

⑤ 10分＝$\dfrac{10}{60}$ 時間
　＝$\dfrac{1}{6}$ 時間

② 何分ですか。分数で表しましょう。

① 20秒＝$\dfrac{20}{60}$ 分
　＝$\dfrac{1}{3}$ 分

② 45秒＝$\dfrac{45}{60}$ 分
　＝$\dfrac{3}{4}$ 分

64

いろいろな分数 ②
時間と分数

● 何分ですか。

① $\dfrac{3}{4}$ 時間　$60 \times \dfrac{3}{4} = \dfrac{\cancel{60}^{15} \times 3}{1 \times \cancel{4}_1}$
$= 45$

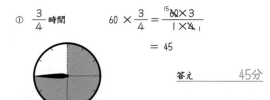

答え 45分

② $\dfrac{1}{3}$ 時間　$\boxed{60} \times \dfrac{1}{3} = \dfrac{\cancel{60}^{20} \times 1}{1 \times \cancel{3}_1}$
$= 20$　（ 20 分）

③ $\dfrac{1}{2}$ 時間　$\boxed{60} \times \dfrac{1}{2} = \dfrac{\cancel{60}^{30} \times 1}{1 \times \cancel{2}_1}$
$= 30$　（ 30 分）

④ $\dfrac{1}{6}$ 時間　$\boxed{60} \times \dfrac{1}{6} = \dfrac{\cancel{60}^{10} \times 1}{1 \times \cancel{6}_1}$
$= 10$　（ 10 分）

⑤ $\dfrac{2}{5}$ 時間　$\boxed{60} \times \dfrac{2}{5} = \dfrac{\cancel{60}^{12} \times 2}{1 \times \cancel{5}_1}$
$= 24$　（ 24 分）

65

いろいろな分数 ③
３つの分数

次の計算をしましょう。（答えは仮分数のままでよい。）

① $\dfrac{1}{3} \times \dfrac{1}{2} \div \dfrac{5}{6} = \dfrac{1}{3} \times \dfrac{1}{2} \times \dfrac{6}{5}$

$= \dfrac{1 \times 1 \times \overset{3}{\cancel{6}}}{\cancel{3} \times \cancel{2} \times 5}$

$= \dfrac{1}{5}$

② $\dfrac{5}{8} \div \dfrac{3}{4} \div \dfrac{5}{9} = \dfrac{5}{8} \times \dfrac{4}{3} \times \dfrac{9}{5}$

$= \dfrac{\cancel{5} \times \cancel{4} \times \overset{3}{\cancel{9}}}{\cancel{8} \times \cancel{3} \times \cancel{5}}$

$= \dfrac{3}{2}$

③ $\dfrac{7}{4} \div 7 \times \dfrac{6}{5} = \dfrac{7}{4} \times \dfrac{1}{7} \times \dfrac{6}{5}$

$= \dfrac{\cancel{7} \times 1 \times \overset{3}{\cancel{6}}}{\cancel{4} \times \cancel{7} \times 5}$

$= \dfrac{3}{10}$

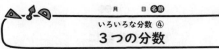

いろいろな分数 ④
３つの分数

次の計算をしましょう。（答えは仮分数のままでよい。）

① $\dfrac{3}{5} \times \dfrac{5}{12} \div \dfrac{1}{2} = \dfrac{3}{5} \times \dfrac{5}{12} \times \dfrac{2}{1}$

$= \dfrac{\cancel{3} \times \cancel{5} \times \cancel{2}}{\cancel{5} \times \underset{2}{\cancel{12}} \times 1}$

$= \dfrac{1}{2}$

② $\dfrac{2}{7} \div \dfrac{4}{5} \times \dfrac{28}{5} = \dfrac{2}{7} \times \dfrac{5}{4} \times \dfrac{28}{5}$

$= \dfrac{\cancel{2} \times \cancel{5} \times \overset{4}{\cancel{28}}}{\cancel{7} \times \cancel{4} \times \cancel{5}}$

$= 2$

③ $\dfrac{7}{8} \times 3 \div \dfrac{3}{2} = \dfrac{7}{8} \times \dfrac{3}{1} \times \dfrac{2}{3}$

$= \dfrac{7 \times \cancel{3} \times \cancel{2}}{\underset{4}{\cancel{8}} \times 1 \times \cancel{3}}$

$= \dfrac{7}{4}$

いろいろな分数 ⑤
３つの分数

次の計算をしましょう。

① $\dfrac{1}{2} \div \dfrac{3}{4} \div \dfrac{10}{9} = \dfrac{1}{2} \times \dfrac{4}{3} \times \dfrac{9}{10}$

$= \dfrac{1 \times \overset{2}{\cancel{4}} \times \overset{3}{\cancel{9}}}{\cancel{2} \times \cancel{3} \times \underset{5}{\cancel{10}}}$

$= \dfrac{3}{5}$

② $\dfrac{3}{8} \div \dfrac{5}{2} \times \dfrac{10}{9} = \dfrac{3}{8} \times \dfrac{2}{5} \times \dfrac{10}{9}$

$= \dfrac{\cancel{3} \times \cancel{2} \times \overset{2}{\cancel{10}}}{\underset{2}{\cancel{8}} \times \cancel{5} \times \underset{3}{\cancel{9}}}$

$= \dfrac{1}{6}$

③ $\dfrac{10}{21} \times \dfrac{4}{5} \div \dfrac{6}{7} = \dfrac{10}{21} \times \dfrac{4}{5} \times \dfrac{7}{6}$

$= \dfrac{\overset{2}{\cancel{10}} \times \overset{2}{\cancel{4}} \times \cancel{7}}{\underset{3}{\cancel{21}} \times \cancel{5} \times \underset{3}{\cancel{6}}}$

$= \dfrac{4}{9}$

いろいろな分数 ⑥
分数倍

1 白いテープの長さは $\dfrac{3}{8}$ m、赤いテープの長さは $\dfrac{3}{4}$ m です。白いテープの長さは赤いテープの長さの何倍ですか。

式　$\dfrac{3}{8} \div \dfrac{3}{4} = \dfrac{\cancel{3} \times \overset{1}{\cancel{4}}}{\underset{2}{\cancel{8}} \times \cancel{3}} = \dfrac{1}{2}$

答え　$\dfrac{1}{2}$ 倍

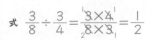

★このように、赤いテープをもとにしたときの白いテープの長さを「白いテープは赤いテープの"何分の何"」ということができます。

2 次の数は何倍ですか。分数で答えましょう。

① 250円は300円の何倍ですか。

式　$250 \div 300 = \dfrac{25}{30} = \dfrac{5}{6}$

答え　$\dfrac{5}{6}$ 倍

② $\dfrac{4}{3}$ L は 2L の何倍ですか。

式　$\dfrac{4}{3} \div 2 = \dfrac{\overset{2}{\cancel{4}} \times 1}{3 \times \underset{1}{\cancel{2}}} = \dfrac{2}{3}$

答え　$\dfrac{2}{3}$ 倍

小数・分数 ①
小数を分数に

① 次の小数を分数で表しましょう。

① $0.3 = \dfrac{3}{10}$　　② $0.1 = \dfrac{1}{10}$

③ $1.1 = \dfrac{11}{10}$　　④ $1.3 = \dfrac{13}{10}$

② 次の小数を分数で表しましょう。

① $0.2 = \dfrac{1}{5}$　　② $0.5 = \dfrac{1}{2}$

③ $1.2 = \dfrac{6}{5}$　　④ $1.5 = \dfrac{3}{2}$

③ 次の小数を分数で表しましょう。

① $0.03 = \dfrac{3}{100}$　　② $0.07 = \dfrac{7}{100}$

③ $0.11 = \dfrac{11}{100}$　　④ $0.13 = \dfrac{13}{100}$

⑤ $0.05 = \dfrac{5}{100} = \dfrac{1}{20}$　　⑥ $0.04 = \dfrac{4}{100} = \dfrac{1}{25}$

⑦ $0.24 = \dfrac{24}{100} = \dfrac{6}{25}$　　⑧ $0.25 = \dfrac{25}{100} = \dfrac{1}{4}$

70

小数・分数 ②
小数を分数に

$$0.4 \times \dfrac{2}{5} = \dfrac{4 \times \cancel{2}^{1}}{\cancel{10}_{5} \times 5} = \dfrac{4}{25}$$

←0.4を分数に直す。約分できるものは約分する。

次の計算をしましょう。

① $0.9 \times \dfrac{2}{3} = \dfrac{\cancel{9}^{3} \times \cancel{2}^{1}}{\cancel{10}_{5} \times \cancel{3}_{1}} = \dfrac{3}{5}$　　② $\dfrac{1}{2} \times 0.6 = \dfrac{1 \times \cancel{6}^{3}}{\cancel{2} \times 10} = \dfrac{3}{10}$

③ $3.6 \times \dfrac{1}{6} = \dfrac{\cancel{36}^{3} \times 1}{\cancel{10}_{5} \times \cancel{6}_{1}} = \dfrac{3}{5}$　　④ $\dfrac{1}{8} \times 4.8 = \dfrac{1 \times \cancel{48}^{6}}{\cancel{8} \times \cancel{10}_{5}} = \dfrac{3}{5}$

⑤ $0.7 \div \dfrac{7}{2} = \dfrac{\cancel{7}^{1} \times \cancel{2}^{1}}{\cancel{10}_{5} \times \cancel{7}_{1}} = \dfrac{1}{5}$　　⑥ $\dfrac{2}{5} \div 0.4 = \dfrac{\cancel{2}^{1} \times \cancel{10}^{\cancel{2}}}{\cancel{5}_{1} \times \cancel{4}_{\cancel{2}}} = 1$

71

小数・分数 ③
小数の混じった計算

次の計算をしましょう。(答えは仮分数のままでよい。)

① $\dfrac{1}{3} \div 0.7 \times \dfrac{8}{5} = \dfrac{1}{3} \times \dfrac{10}{7} \times \dfrac{8}{5}$

$= \dfrac{1 \times \cancel{10}^{2} \times 8}{3 \times 7 \times \cancel{5}_{1}}$

$= \dfrac{16}{21}$

② $0.6 \times \dfrac{2}{5} \div \dfrac{7}{15} = \dfrac{6}{10} \times \dfrac{2}{5} \times \dfrac{15}{7}$

$= \dfrac{6 \times 2 \times \cancel{15}^{3}}{\cancel{10} \times \cancel{5}_{1} \times 7}$

$= \dfrac{18}{35}$

③ $\dfrac{3}{5} \times \dfrac{5}{6} \div 0.4 = \dfrac{3}{5} \times \dfrac{5}{6} \times \dfrac{10}{4}$

$= \dfrac{\cancel{3}^{1} \times \cancel{5}^{1} \times \cancel{10}^{5}}{\cancel{5}_{1} \times \cancel{6}_{2} \times 4}$

$= \dfrac{5}{4}$

72

小数・分数 ④
小数の混じった計算

次の計算をしましょう。

① $0.3 \div \dfrac{7}{10} \div \dfrac{3}{4} = \dfrac{3}{10} \times \dfrac{10}{7} \times \dfrac{4}{3}$

$= \dfrac{\cancel{3}^{1} \times \cancel{10} \times 4}{\cancel{10} \times 7 \times \cancel{3}_{1}}$

$= \dfrac{4}{7}$

② $\dfrac{3}{7} \times \dfrac{7}{9} \div 0.5 = \dfrac{3}{7} \times \dfrac{7}{9} \times \dfrac{10}{5}$

$= \dfrac{\cancel{3}^{1} \times \cancel{7}^{1} \times \cancel{10}^{2}}{\cancel{7}_{1} \times \cancel{9}_{3} \times \cancel{5}_{1}}$

$= \dfrac{2}{3}$

③ $\dfrac{9}{8} \times 0.2 \div \dfrac{3}{5} = \dfrac{9}{8} \times \dfrac{2}{10} \times \dfrac{5}{3}$

$= \dfrac{\cancel{9}^{3} \times \cancel{2}^{1} \times \cancel{5}^{1}}{8 \times \cancel{10}_{\cancel{2}} \times \cancel{3}_{1}}$

$= \dfrac{3}{8}$

73

月　日　名前

小数・分数 ⑤
小数の混じった計算

次の計算をしましょう。

① $\dfrac{2}{3} \div \dfrac{4}{5} \times 0.3 = \dfrac{2}{3} \times \dfrac{5}{4} \times \dfrac{3}{10}$

$= \dfrac{2 \times 5 \times 3}{3 \times 4 \times 10}$

$= \dfrac{1}{4}$

② $0.1 \div \dfrac{3}{5} \div \dfrac{7}{6} = \dfrac{1}{10} \times \dfrac{5}{3} \times \dfrac{6}{7}$

$= \dfrac{1 \times 5 \times 6}{10 \times 3 \times 7}$

$= \dfrac{1}{7}$

③ $\dfrac{7}{8} \times \dfrac{12}{7} \times 0.6 = \dfrac{7}{8} \times \dfrac{12}{7} \times \dfrac{6}{10}$

$= \dfrac{7 \times 12 \times 6}{8 \times 7 \times 10}$

$= \dfrac{9}{10}$

74

月　日　名前

小数・分数 ⑥
小数の混じった計算

次の計算をしましょう。

① $\dfrac{2}{5} \div 0.8 \times \dfrac{8}{15} = \dfrac{2}{5} \times \dfrac{10}{8} \times \dfrac{8}{15}$

$= \dfrac{2 \times 10 \times 8}{5 \times 8 \times 15}$

$= \dfrac{4}{15}$

② $\dfrac{3}{5} \times \dfrac{3}{4} \div 0.9 = \dfrac{3}{5} \times \dfrac{3}{4} \times \dfrac{10}{9}$

$= \dfrac{3 \times 3 \times 10}{5 \times 4 \times 9}$

$= \dfrac{1}{2}$

③ $1.2 \div \dfrac{7}{3} \div \dfrac{6}{7} = \dfrac{12}{10} \times \dfrac{3}{7} \times \dfrac{7}{6}$

$= \dfrac{12 \times 3 \times 7}{10 \times 7 \times 6}$

$= \dfrac{3}{5}$

75

まとめテスト　月　日　名前

まとめ ⑨
いろいろな分数
/50点

1 次の時間を分数で表しましょう。　(1つ5点／10点)

① 15分＝$\dfrac{1}{4}$時間　② 40秒＝$\dfrac{2}{3}$分

2 次の時間を整数で表しましょう。　(1つ5点／10点)

① $\dfrac{5}{6}$時間＝50分　② $\dfrac{1}{3}$分＝20秒

3 $\dfrac{4}{7}$は$\dfrac{2}{9}$の何倍ですか。　(10点)

式 $\dfrac{4}{7} \div \dfrac{2}{9} = \dfrac{4}{7} \times \dfrac{9}{2} = \dfrac{4 \times 9}{7 \times 2} = \dfrac{18}{7}$

答え $\dfrac{18}{7}$倍 $\left(2\dfrac{4}{7}倍\right)$

4 次の計算をしましょう。　(1つ10点／20点)

① $\dfrac{3}{4} \div \dfrac{15}{2} \times \dfrac{6}{7} = \dfrac{3}{4} \times \dfrac{2}{15} \times \dfrac{6}{7}$

$= \dfrac{3 \times 2 \times 6}{4 \times 15 \times 7} = \dfrac{3}{35}$

② $\dfrac{3}{8} \times \dfrac{4}{11} \div \dfrac{3}{14} = \dfrac{3}{8} \times \dfrac{4}{11} \times \dfrac{14}{3}$

$= \dfrac{3 \times 4 \times 14}{8 \times 11 \times 3} = \dfrac{7}{11}$

76

まとめテスト　月　日　名前

まとめ ⑩
小数・分数
/50点

1 次の小数を分数で表しましょう。　(1つ5点／20点)

① $0.3 = \dfrac{3}{10}$　② $1.4 = \dfrac{7}{5}$

③ $0.07 = \dfrac{7}{100}$　④ $0.25 = \dfrac{1}{4}$

2 次の計算をしましょう。（答えは仮分数のままでよい。）(1つ10点／30点)

① $0.7 \times \dfrac{2}{3} \times \dfrac{6}{7} = \dfrac{7}{10} \times \dfrac{2}{3} \times \dfrac{6}{7}$

$= \dfrac{7 \times 2 \times 6}{10 \times 3 \times 7} = \dfrac{2}{5}$

② $\dfrac{5}{8} \times 1.5 \div \dfrac{3}{4} = \dfrac{5}{8} \times \dfrac{15}{10} \times \dfrac{4}{3}$

$= \dfrac{5 \times 15 \times 4}{8 \times 10 \times 3} = \dfrac{5}{4}$

③ $\dfrac{6}{7} \times \dfrac{7}{8} \div 0.6 = \dfrac{6}{7} \times \dfrac{7}{8} \times \dfrac{10}{6}$

$= \dfrac{6 \times 7 \times 10}{7 \times 8 \times 6} = \dfrac{5}{4}$

77

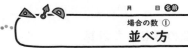

場合の数 ①
並べ方

① 6年1組は、3人1チームでリレーをしました。各チームで走る順番をいろいろ考えました。A、B、Cの走る順番を、ぬけ落ちや重なりがないよう、全部かき出しましょう。

第1走者	第2走者	第3走者
A	B	C
A	C	B
B	A	C
B	C	A
C	A	B
C	B	A

① 空らんをうめましょう。

② Aさんが第1走者になる順番は何通りありますか。

（　2通り　）

③ Bさんが第1走者になる順番は何通りありますか。

（　2通り　）

④ Cさんが第1走者になる順番は何通りありますか。

（　2通り　）

⑤ 全部で何通りありますか。　（　6通り　）

② 5、6、7の3つの数字を使って、3けたの数をつくります。小さい順に全部かき出しましょう。

（　　567、576、657、675、756、765　　）

78

場合の数 ②
並べ方

● 6年1組は、4人のリレー選手を決めました。走る順番をいろいろ考えました。すべての順番を表にかき出してみましょう。（空らんをうめましょう。）

第1走者	第2走者	第3走者	第4走者
A	B	C	D
A	B	D	C
A	C	D	B
A	C	B	D
A	D	B	C
A	D	C	B
B	C	D	A
B	C	A	D
B	D	C	A
B	D	A	C
B	A	C	D
B	A	D	C
C	D	A	B
C	D	B	A
C	A	B	D
C	A	D	B
C	B	D	A
C	B	A	D
D	A	B	C
D	A	C	B
D	B	A	C
D	B	C	A
D	C	A	B
D	C	B	A

① Aさんが第1走者になる順番は何通りありますか。

（　6通り　）

② Bさんが第1走者になる順番は何通りありますか。

（　6通り　）

③ Cさんが第1走者になる順番は何通りありますか。

（　6通り　）

④ Dさんが第1走者になる順番は何通りありますか。

（　6通り　）

⑤ 全部で何通りありますか。

（　24通り　）

79

場合の数 ③
並べ方

● バスケットボールのシュートを3回して、その入り方を調べます。ぬけ落ちや重なりがないようかき出しましょう。

① 入った場合を1、入らなかった場合を0で表します。1回目が入った場合を図に表しましょう。

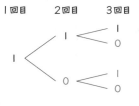

② 1回目が入らなかった場合を①のように図に表しましょう。

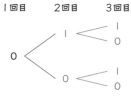

③ 全部で何通りの入り方がありますか。　（　8通り　）

80

場合の数 ④
並べ方

① おばさんの家は、山川駅のそばにあります。家から海田、山川駅を通っておばさんの家へ行く方法は何通りありますか。

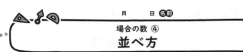

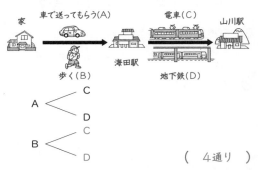

（　4通り　）

② AさんとBさんが数字カードを使って、2けたの数をつくります。Aさんのカードは1、3、5で、十の位におきます。Bさんのカードは2、4、6で、1の位におきます。できる数を全部かきましょう。また、数は何通りできますか。

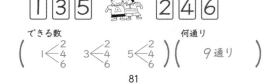

81

場合の数 ⑤
組み合わせ

1 6年1組は、体育の時間に、4チームでミニサッカーの試合をすることにしました。どのチームとも1回試合をします。全部で何試合したか調べましょう。

	対戦チーム				成績
	Aチーム	Bチーム	Cチーム	Dチーム	
Aチーム		○	○	×	2勝1敗
Bチーム	×		○	○	2勝1敗
Cチーム	×	×		○	1勝2敗
Dチーム	○	×	×		1勝2敗

・Aチームは、Aチームと試合をしないので／をしています。（B〜Dチームも同じ。）
・各チームの成績は、横に見ます。

① Bチーム対Dチームの試合は、Bチームが勝ちました。表に○、×をかきましょう。

② CチームとDチームの試合は、Cチームが勝ちました。表に○、×をかきましょう。

③ 各チームの成績をかきましょう。

④ 全部で何試合しましたか。 （ 6試合 ）

2 5チームをつくって、どのチームとも1回試合をすることにすると、全部で何試合しますか。

（ 10試合 ）

82

場合の数 ⑥
組み合わせ

1 6種類のこう貨が1枚ずつあります。2枚とったとき、どんな金額になるかを表にまとめましょう。

	1円	5円	10円	50円	100円	500円
1円		6円	11円	51円	101円	501円
5円			15円	55円	105円	505円
10円				60円	110円	510円
50円					150円	550円
100円						600円
500円						

何通りの金額ができますか。 （ 15通り ）

2 みつおさんとたろうさんがじゃんけんをしました。どんな組み合わせがあるか調べましょう。

		たろう		
		グー	チョキ	パー
みつお	グー	△	○	×
	チョキ	×	△	○
	パー	○	×	△

① みつおさんが勝つときは○、負けるときは×、あいこになるときは△を表にかき入れましょう。

② 何通りの組み合わせがありますか。 （ 9通り ）

83

場合の数 ⑦
いろいろな問題

● カードの中から2枚を取り出して並べて、2けたの整数をつくります。何通りの整数ができますか。できる整数を□に全部かきましょう。

①  の2枚

24　42

答え　2通り

②  の3枚

24	42	52
25	45	54

答え　6通り

③ 2 4 5 9 の4枚

24	42	52	92
25	45	54	94
29	49	59	95

答え　12通り

④ 2 4 5 0 の4枚

02や04などは、2けたの数ではないよ。

24	42	52
25	45	54
20	40	50

答え　9通り

84

場合の数 ⑧
いろいろな問題

● 5人の中から2人の係を選びます。

① 音楽係と図書係の選び方は何通りありますか。

5人をA、B、C、D、Eとすると

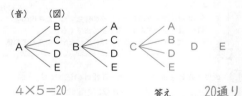

4×5＝20　　答え　20通り

② 体育係2人の選び方は何通りありますか。

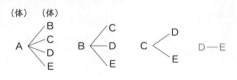

答え　10通り

係がちがう選び方は「並び方」、同じ係の選び方は「組み合わせ方」と区別して考えましょう。

85

21

まとめテスト まとめ⑪

月 日 名前

場合の数 /50点

① サーモン、マグロ、エビ、イカの4種類のにぎりずしがあります。食べる順番を考えます。

① 図を完成させましょう。 (完答10点)

```
              ┌ エビ ─ イカ
        マグロ ┤
        │     └ イカ ─( エビ )
        │        ┌ マグロ ─( イカ )
サーモン ┼( エビ )┤ イカ ─( マグロ )
        │
        │     ┌( マグロ )─( エビ )
        └ イカ ┤
              └ エビ ─ マグロ
```

② マグロを最初に食べる順番は何通りですか。 (10点)

（ 6通り ）

③ 全部で何通りの食べ方がありますか。 (10点)

（ 24通り ）

② [1][2][3]の3枚のカードで3けたの整数をつくります。何通りの整数ができますか。 (10点)

```
  ┌ 2 ─ 3
1 ┤
  └ 3 ─ 2
```

（ 6通り ）

③ コインを続けて2回投げます。表と裏の出方は全部で何通りですか。 (10点)

```
  ┌ 表
表 ┤
  └ 裏
```

（ 4通り ）

86

まとめテスト まとめ⑫

月 日 名前

場合の数 /50点

① 赤、青、黄、緑、4色の色紙から2色選びます。

① 図を完成させましょう。 (完答10点)

```
   ┌ 青              ┌ 黄
赤 ┤( 黄 )   青 ┤           黄 ─( 緑 )
   └( 緑 )        └ 緑
```

② 全部で何通りの選び方がありますか。 (5点)

（ 6通り ）

② 家から公園を通って本屋に行きます。行き方は何通りありますか。 (20点)

家 ○A○ 公園 ○C D○ 本屋
   ○B   ○E

2×3＝6

（ 6通り ）

③ 5種類のケーキから4種類のケーキを選ぶ組み合わせを考えます。（ ）にあてはまる数をかきましょう。 (各5点/15点)

① 5種類から4種類を選ぶことは、残りの（ 1 ）種類を選ばないことと同じです。

② 5種類から1種類を選ばない組み合わせは（ 5 ）通りです。

③ したがって、5種類から4種類を選ぶ組み合わせは（ 5 ）通りです。

87

月 日 名前

資料の調べ方① 代表値

> データ（資料）の特ちょうやようすを表すときに、平均値、最ひん値、中央値が使われます。
> これらの値のようにそのデータを代表する値を代表値といいます。
> 平 均 値…データの合計を、その個数でわった平均の値。
> 最ひん値…データの中で最も多く出てくる値。
> 中 央 値…データを大きさの順に並べたときの真ん中の値。

表は1組と2組のソフトボール投げの記録です。

ソフトボール投げの記録（m）

番号	1	2	3	4	5	6	7	8	9	10	11	12	合計
1組	25	12	28	26	25	27	23	30	27	27	38	30	318
2組	32	23	26	16	19	33	15	32	33	25	32	─	286

① 合計は、1組の方が大きくなっています。合計だけで1組の方が成績がよいといえますか。

（ いえない ）

② 各組の平均を出しましょう。

1組（ 26.5m ）、2組（ 26m ）

③ 一番遠くまで投げた人は、何組で何mですか。

（ 1組 , 38m ）

④ 一番短い記録の人は、何組で何mですか。

（ 1組 , 12m ）

88

月 日 名前

資料の調べ方② ちらばりのようす

左の「ソフトボール投げ」の記録のちらばりのようすを調べましょう。

① 2組の記録を、1組のようにドットプロットで表しましょう。

② 1組、2組の記録は、それぞれ何m以上何m未満のはん囲にちらばっていますか。

1組 （ 12 ）m以上 （ 39 ）m未満

2組 （ 15 ）m以上 （ 34 ）m未満

③ 1組、2組の最ひん値を求めましょう。

1組─最ひん値 （ 27 m ）

2組─最ひん値 （ 32 m ）

> 平均の数値と、たくさんの数値が集まっているところ（最ひん値）は、同じととらえてはいけないことがわかります。

89

22

月　日　名前

資料の調べ方 ③
度数分布表

45ページの「ソフトボール投げの記録」の表を、5mごとに区切った表に整理して考えます。

ソフトボール投げの記録

きょり(m)	1組(人)	2組(人)
10以上 ～ 15未満	1	0
15 ～ 20	0	3
20 ～ 25	1	1
25 ～ 30	7	2
30 ～ 35	2	5
35 ～ 40	1	0
合　計	12	11

① 2組の記録を、度数分布表に整理しましょう。

② 人数が一番多い階級は、どこですか。

1組 (25 m以上～ 30 m未満)

2組 (30 m以上～ 35 m未満)

③ 前ページのドットプロットから1組、2組の中央値を求めましょう。

1組－中央値 (27m)

2組－中央値 (26m)

90

月　日　名前

資料の調べ方 ④
度数分布表

左のページの表を見て答えましょう。

① 30m以上投げた人が多い組はどちらですか。

(2組)

② 20m未満の記録の人が多い組はどちらですか。

(2組)

③ かずおさんは、1組で3番目に遠くまで投げました。かずおさんの記録は、どの階級ですか。

(30m以上 ～ 35m未満)

④ たかしさんは、2組で5番目に遠くまで投げました。たかしさんの記録は、どの階級ですか。

(30m以上 ～ 35m未満)

⑤ とおるさんは、1組できょりの近い方から3番目でした。とおるさんの記録は、どの階級ですか。

(25m以上 ～ 30m未満)

データを整理するときに、10m以上15m未満のような区間に区切って整理した表を度数分布表といいます。このときの区間のことを階級といい、それぞれの階級に入るデータの個数を度数といいます。

91

月　日　名前

資料の調べ方 ⑤
柱状グラフ

表をもとにグラフをつくります。〈グラフのかき方〉

ソフトボール投げ

きょり(m)	1組(人)
10以上～ 15未満	1
15 ～ 20	0
20 ～ 25	1
25 ～ 30	7
30 ～ 35	2
35 ～ 40	1
合　計	12

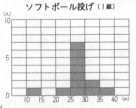

ソフトボール投げ（1組）

横軸に投げたきょり、縦軸に人数をかきます。

きょりのはん囲を横、人数を縦に、柱のように長方形をかきます。このようなグラフを柱状グラフといいます。

2組の記録をもとに、柱状グラフをかきましょう。

ソフトボール投げ

きょり(m)	2組(人)
10以上～ 15未満	0
15 ～ 20	3
20 ～ 25	1
25 ～ 30	2
30 ～ 35	5
35 ～ 40	0
合　計	11

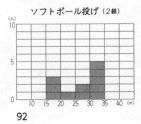

ソフトボール投げ（2組）

92

月　日　名前

資料の調べ方 ⑥
柱状グラフ

柱状グラフを見て答えましょう。

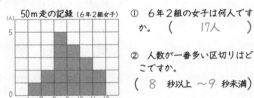

50m走の記録（6年2組女子）

① 6年2組の女子は何人ですか。 (17人)

② 人数が一番多い区切りはどこですか。

(8 秒以上 ～9 秒未満)

③ ②の区切りに、2組女子の50m走の平均の値があると考えてもよいですか。

(いけない)

④ 中央値は、どの階級ですか。

(9 秒以上 ～10 秒未満)

⑤ 8秒未満で走る人は何人いますか。

(3人)

⑥ 6年2組女子全員の50m走の記録は、どのはん囲に入りますか。

(6 秒以上 ～12 秒未満)

93

23

まとめ ⑬
資料の調べ方　/50点

表は算数テストの点数です。

算数テストの点数

番号	①	②	③	④	⑤	⑥	⑦	⑧	⑨	⑩	⑪	合計
点数（点）	80	90	75	95	75	85	65	90	95	85	90	925

① 小数第2位を四捨五入して、平均値を求めましょう。　(10点)

式　$925 \div 11 = 84.09$　　　　　答え　84.1点

② データをドットプロットで表しましょう。　(10点)

③ データを度数分布表にまとめて柱状グラフに表しましょう。　(表10点、グラフ10点/20点)

算数テストの点数

階級（点）	度数（人）
65以上～70未満	1
70　～75	0
75　～80	2
80　～85	1
85　～90	2
90　～95	3
95　～100	2
合　計	11

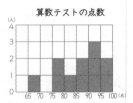

④ 最ひん値と中央値を求めましょう。　(1つ5点/10点)

最ひん値（　90点　）　中央値（　85点　）

94

まとめ ⑭
資料の調べ方　/50点

データはある日の1組の読書時間です。

1組の読書時間

番号	①	②	③	④	⑤	⑥	⑦	⑧	⑨	合計
時間（分）	0	20	10	20	35	0	15	20	15	135

① 平均値を求めましょう。　(10点)

式　$135 \div 9 = 15$　　　　　答え　15分

② データをドットプロットで表しましょう。　(10点)

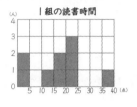

③ データを度数分布表にまとめて柱状グラフに表しましょう。　(表10点、グラフ10点/20点)

1組の読書時間

階級（点）	度数（人）
0以上～5未満	2
5　～10	0
10　～15	1
15　～20	2
20　～25	3
25　～30	0
30　～35	0
35　～40	1
合　計	9

④ 最ひん値と中央値を求めましょう。　(1つ5点/10点)

最ひん値（　20分　）　中央値（　15分　）

95

比 ①
比をつくる

① す小さじ2はいとサラダ油小さじ3ばいを混ぜて、ドレッシングをつくりました。おいしかったので、たくさんつくろうと思います。

小さじ

・すを大さじ2はい入れました。サラダ油は、大さじ何ばい入れればよいですか。

大さじ　　　　大さじ　　　　答え　3ばい

おいしいドレッシングをつくるには、すとサラダ油を2：3で混ぜればいいといいます。
2：3は「二対三」と読みます。
また、このような表し方を 比 といいます。

② 1個50円のオレンジと、1個70円のりんごがあります。オレンジとりんごの値段を比で表しましょう。

答え　50：70

③ 西小学校の5年生は65人、6年生は80人です。5年生と6年生の人数を比で表しましょう。

答え　65：80

96

比 ②
比の値

① 1個160gのなしと、1個80gのみかんがあります。なしとみかんの重さを比で表しましょう。

答え　160：80

② 縦の長さが80cm、横の長さが120cmの旗があります。縦と横の長さを比で表しましょう。

答え　80：120

a：b で表される比で、bを1と見たときにaが、bの何倍にあたるかを表した数を比の値といいます。
a：b の比の値は a÷b の商です。a：b＝a÷b＝$\frac{a}{b}$

③ 次の比の値を求めましょう。（約分できるものはします）

① $3：5 = \frac{3}{5}$　　　　② $4：7 = \frac{4}{7}$

③ $5：10 = \frac{1}{2}$　　　④ $8：12 = \frac{2}{3}$

⑤ $4：1 = 4$　　　　　⑥ $9：3 = 3$

⑦ $16：12 = \frac{4}{3}$　　　⑧ $18：12 = \frac{3}{2}$

97

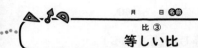
等しい比

またドレッシングをつくり、1回目につくったものと混ぜました。

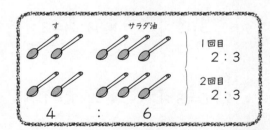

す　　　　　サラダ油

1回目　2：3

2回目　2：3

4　：　6

2つの比が同じ割合を表しているとき、
2つの比は等しいといいます。
2：3＝4：6
● 2：3と同じ比をつくる。2：3の2、3に同じ数をかけます。
① 2×2
2：3＝4：6
② 3×2
① 2を2倍（×2）して4
② 3を2倍（×2）して6

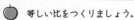
等しい比をつくりましょう。

① 1：2＝2：4　　② 4：3＝12：9
（×2）　　　　　（×□）

98

等しい比

① 等しい比をつくりましょう。
　　　　×3
① 3：7＝9：21　　② 5：9＝25：45
　　　　×3

② 等しい比をつくりましょう。
　　　　×2
① 2：5＝4：10　　② 5：8＝40：64
　　　　×2
③ 3：8＝18：48　　④ 9：7＝63：49

③ □にあてはまる数を求めましょう。
① 6：7＝36：42　　② 3：10＝9：30
③ 5：9＝25：45　　④ 2：7＝16：56
　　　　×10
⑤ 0.1：0.3＝1：3　　⑥ 0.2：0.5＝2：5
　　　　×10

99

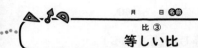
等しい比（かける）

等しい比をつくりましょう。

① 2：3＝4：6　　② 2：5＝4：10

③ 2：3＝6：9　　④ 2：5＝8：20

⑤ 3：7＝9：21　　⑥ 8：9＝64：72

⑦ 4：5＝20：25　　⑧ 6：8＝42：56

⑨ 9：3＝63：21　　⑩ 3：4＝27：36

100

等しい比（わる）

す小さじ6ぱいとサラダ油小さじ9はいでドレッシングをつくりました。小さじ3ばい分で、大さじ1ぱいです。小さじの比6：9を大さじで表すと、2：3になります。

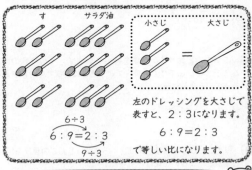

す　　サラダ油　　　小さじ　　大さじ

＝

6÷3
6：9＝2：3
9÷3

左のドレッシングを大さじで
表すと、2：3になります。
6：9＝2：3
で等しい比になります。

等しい比をつくるには、比の両方の数に同じ数をかけます。また、比の両方の数を同じ数でわっても、等しい比ができます。

同じ数でわって、等しい比をつくりましょう。
　　　　÷2
① 4：6＝2：3　　② 6：9＝2：3
　　　　÷2
③ 8：14＝4：7　　④ 15：21＝5：7

101

比 ⑦
等しい比（わる）

⬤ 次の数でわって、等しい比をつくりましょう。

（4でわる）

① 20：8＝5：2　② 12：16＝3：4

③ 12：20＝3：5　④ 32：12＝8：3

（5でわる）

⑤ 15：25＝3：5　⑥ 35：40＝7：8

（6でわる）

⑦ 24：30＝4：5　⑧ 18：42＝3：7

（7でわる）

⑨ 28：35＝4：5　⑩ 14：21＝2：3

（9でわる）

⑪ 36：27＝4：3　⑫ 45：36＝5：4

102

比 ⑧
等しい比（わる）

⬤ 等しい比をつくりましょう。

① $\overset{÷5}{10：5}＝2：\boxed{1}$　② $\overset{÷6}{18：24}＝3：\boxed{4}$
　　　　÷□　　　　　　　　÷□

③ 9：6＝3：\boxed{2}　④ 4：12＝1：\boxed{3}

⑤ 15：45＝3：\boxed{9}　⑥ 18：24＝3：\boxed{4}

⑦ 12：8＝\boxed{6}：4　⑧ 56：72＝\boxed{7}：9

⑨ 81：27＝\boxed{9}：3　⑩ 49：14＝\boxed{7}：2

103

比 ⑨
文章題

① まさおさんの学校園では、野菜畑の面積と花畑の面積の比が 5：3 です。野菜畑の面積を10㎡とすると、花畑の面積は 何㎡ですか。

式　5：3＝10：□

答え　　6㎡

② 山下さんと林さんが色紙を持っています。その枚数の比は 4：5 です。山下さんの持っている色紙は20枚です。林さんの 持っている色紙は何枚ですか。

式　4：5＝20：□

答え　　25枚

③ りんごとなしの値段の比は2：3です。りんごの値段を100円 とすると、なしの値段はいくらですか。

式　2：3＝100：□

答え　　150円

④ 村上さんの学校の図書館にある歴史の本と科学の本をあわせ ると800冊あります。歴史と科学の比は、3：5です。科学の本 は何冊ですか。

式　$800 \times \dfrac{5}{8} ＝500$

答え　　500冊

104

比 ⑩
文章題

① ひろしさんの学校の6年生と5年生の人数の比は4：5で す。5年生は100人です。6年生は何人ですか。

式　4：5＝□：100

答え　　80人

② 縦の長さと横の長さの比が7：10の旗をつくります。横の長 さを80cmにすると、縦の長さは何cmになりますか。

式　7：10＝□：80

答え　　56cm

③ 赤いリボンと青いリボンの長さの比は、4：7です。青いリ ボンが42cmのとき、赤いリボンは何cmですか。

式　4：7＝□：42

答え　　24cm

④ コーヒーと牛乳を3：4の比で混ぜて、コーヒー牛乳をつ くります。コーヒー牛乳が140mLできました。 牛乳は何mL使いましたか。

式　$\overset{20}{140} \times \dfrac{4}{\cancel{7}} ＝80$

答え　　80mL

105

まとめ ⑮
比
／50点

① 比の値を求めましょう。 (1つ5点／20点)

① 4：7 ($\frac{4}{7}$)　　② 8：3 ($\frac{8}{3}$)

③ 6：9 ($\frac{2}{3}$)　　④ 10：5 (2)

② □にあてはまる数をかきましょう。 (1つ5点／20点)

① 5：3＝ 15 ：9　　② 30：20＝ 6 ：4

③ 4：0.8＝5： 1 　　④ 1.2：1.8＝4： 6

③ 4：3に等しい比を下から選び、記号をかきましょう。 (完答10点)

⑦ 3：4　　　　④ $\frac{6}{15}$：$\frac{6}{20}$

⑦ $\frac{1}{4}$：$\frac{1}{3}$　　　　⑤ 10：6

⑦ 12：9　　　　⑦ 16：9

(④ 　⑦)

106

まとめ ⑯
比
／50点

① 次の比を簡単にしましょう。 (1つ5点／20点)

① 12：18＝ 2：3 　　② 40：60＝ 2：3

③ 1.6：2.4＝ 2：3 　　④ $\frac{1}{2}$：$\frac{1}{3}$＝ 3：2

② 縦と横の比が3：4の長方形をつくります。縦の長さを15cmとすると横の長さは何cmにすればいいですか。 (10点)

式　3：4＝15：□

答え　　　　20cm

③ 5年生と6年生の人数の比は5：6です。5年生と6年生の人数の合計は220人です。5年生と6年生の人数はそれぞれ何人ですか。 (10点)

式　$220×\frac{5}{11}=100$

220−100＝120

答え　5年生100人，6年生120人

④ 120枚の色紙を姉とわたしが7：5になるように分けます。姉とわたしの色紙の枚数はそれぞれ何枚ですか。 (10点)

式　$120×\frac{7}{12}=70$

120−70＝50

答え　　姉70枚，わたし50枚

107

比例と反比例 ①
比例とは

　次の表は、空の水そうに水を入れたときの水の量 x L と、水の深さ y cmの関係を表したものです。

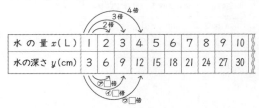

水の量 x(L)	1	2	3	4	5	6	7	8	9	10
水の深さ y(cm)	3	6	9	12	15	18	21	24	27	30

⑦ □倍
④ □倍
□倍

　水の量 x が2倍、3倍、4倍になると、それに対応する水の深さ y も⑦ 2 倍、④ 3 倍、⑦ 4 倍になります。

　2つの量 x と y があって、x の値が2倍、3倍、……になると、それに対応する y の値も2倍、3倍、……になるとき、y は x に比例するといいます。
　水そうの水の深さは、入れた水の量に比例しています。

108

比例と反比例 ②
比例とは

　下の表をしあげましょう。

① 正方形の1辺の長さ x cmと、周りの長さ y cmは比例します。

1辺の長さ x(cm)	1	2	3	4	5
周りの長さ y(cm)	4	8	12	16	20

② 1mあたり2kgの鉄の棒があります。鉄の棒の長さ x mとその重さ y kgは比例します。

鉄の棒の長さ　x(m)	1	2	3	4	5
鉄の棒の重さ　y(kg)	2	4	6	8	10

③ 1冊120円のノートを買うときの冊数 x とその代金 y は、比例します。

冊　数　x（冊）	1	2	3	4	5
代　金　y（円）	120	240	360	480	600

109

比例の性質

① 表の x と y は比例しています。x が $\frac{1}{2}$、$\frac{1}{3}$ になると、それに対応する y は、どのように変わっていきますか。

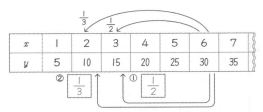

x	1	2	3	4	5	6	7
y	5	10	15	20	25	30	35

② $\frac{1}{3}$ ① $\frac{1}{2}$

比例する2つの量は、1つの量の値が、$\frac{1}{2}$、$\frac{1}{3}$、……になるとそれに対応する量の値も、$\boxed{\frac{1}{2}}$、$\boxed{\frac{1}{3}}$、……になります。

② 表の x と y は比例します。あいているらんに、数を入れましょう。

①

x	1	2	3	4	5	6
y	4	8	12	16	20	24

②

x	2	4	6	8	10	12
y	6	12	18	24	30	36

110

比例の式

水そうに水を入れたときの水の量と水の深さの表です。

① 水の量 x の値を何倍すると、水の深さ y の値になりますか。

水 の 量 x（L）	1	2	3	4	5	6	7	8	9
水の深さ y（cm）	3	6	9	12	15	18	21	24	27

$1 \times (\ 3\ ) = 3$

$2 \times (\ 3\ ) = 6$　　　$x \times (\ 3\ ) = y$

② 水の深さ y を、そのときの水の量 x でわると、どうなりますか。

水 の 量 x（L）	1	2	3	4	5	6	7	8	9
水の深さ y（cm）	3	6	9	12	15	18	21	24	27

$3 \div 1 = (\ 3\ )$　　　$y \div x = (\ 3\ )$

$6 \div 2 = (\ 3\ )$

$9 \div 3 = (\ 3\ )$

y が x に比例するとき、x と y の関係は
$$y = \boxed{決まった数} \times x$$
という式に表すことができます。

111

比例のグラフ

次の表は、空の水そうに水を入れたときのようすを表しています。決まった量の水を x 分間入れたときの水の深さは y cm になりました。この x と y の値の組を、グラフに表しましょう。

時 間 x（分）	0	1	2	3	4	5	6
深 さ y（cm）	0	2	4	6	8	10	12

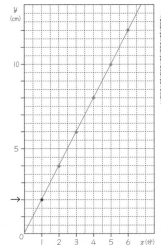

グラフにするとき
① 横軸と縦軸をかく。
② 横軸と縦軸の交わった点が0。
③ 横軸に x、縦軸に y の値をそれぞれ1、2、3...とめもる。

かき方
x が1のとき、y が2だからその点に・をつける。
同じようにして、x が2、3…のときの点をつける。
その点を線で結ぶ。

112

比例のグラフ

1m あたり3kg の金属棒があります。次の表は、金属棒の長さ x m と、その重さ y kg の関係を表しています。
この x と y の値の組を、グラフに表しましょう。

長さ x （m）	0	1	2	3	4	5
重さ y （kg）	0	3	6	9	12	15

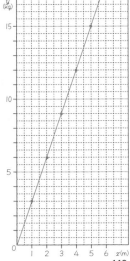

比例する2つの量の関係をグラフにすると、グラフは、0の点を通る直線になります。

113

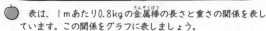

比例と反比例 ⑦
比例のグラフ

🔵 表は、1mあたり0.8kgの金属棒の長さと重さの関係を表しています。この関係をグラフに表しましょう。

長さ x（m）	1	5	10	15
重さ y（kg）	0.8	4	8	12

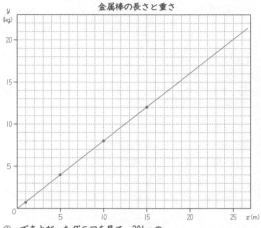

金属棒の長さと重さ

① でき上がったグラフを見て、20kgの
ときの金属棒の長さを求めましょう。　（　25m　）

② グラフを見て、金属棒20mの
ときの重さを求めましょう。　（　16kg　）

114

比例と反比例 ⑧
比例のグラフ

① 次の2つの量は比例しています。2つの量の関係を、xとyを使って式に表しましょう。

① 1mあたりの重さが80gの針金の長さ（x）と重さ（y）

$$y = 80 \times x$$

② 1個150円のりんごを買ったときの個数（x）と代金（y）

$$y = 150 \times x$$

③ 円周の長さ（y）と直径（x）の関係

$$y = 3.14 \times x$$

② 水そうに水を入れる時間と、水の深さの関係をグラフに表しましょう。

時　　間 x（分）	1	2	3	4	5	6
水の深さ y（cm）	0.5	1	1.5	2	2.5	3

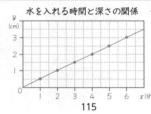

水を入れる時間と深さの関係

115

比例と反比例 ⑨
文章題

🔵 次の表をしあげましょう。また、2つの量が比例するものには〇を、そうでないものには✕を（　）にかきましょう。

① 正三角形の1辺の長さ x cmと、
まわりの長さ y cm

（　〇　）

比例
xが2倍、3倍、
…のとき、y も
2倍、3倍…

1辺の長さ x(cm)	1	2	3	4	5	6
まわりの長さ y(cm)	3	6	9	12	15	18

② 重さ0.5kgの水とうに水を入れるとき、水の量 x dLと
全体の重さ y kg（水1dLの重さは0.1kg）

（　✕　）

水 の 量 x(dL)	0	1	2	3	4	5
全体の重さ y(kg)	0.5	0.6	0.7	0.8	0.9	1.0

116

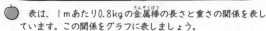

比例と反比例 ⑩
文章題

① ともなって変わる2つの量が、比例しているものに〇をつけましょう。

① 1Lあたり160円のガソリンを買ったときの
ガソリンの量と値段。　（　〇　）

② 200gのコップに1dLあたり103gの牛乳を
入れたときの牛乳の量と全体の重さ。　（　　）

③ 時速60kmの自動車の走った時間と走った道のり。

　（　〇　）

④ 人間の年令と身長。　（　　）

② 3枚14gの紙があります。紙の重さは枚数に比例すると考えて
次の問題に答えましょう。

① 紙60枚の重さは何gですか。

式　60÷3＝20　　14×20＝280

答え　　280g

② 紙の束の重さをはかったら700gありました。紙の束は何枚
ありますか。

式　700÷14＝50　　3×50＝150

答え　　150枚

117

反比例とは

面積が12cm²になる長方形を
かきました。

① 縦、横の長さがどのよう
に変わっていくかを表にし
ましょう。

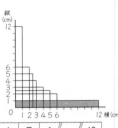

縦(cm)	1	2	3	4	5	6	〜	12
横(cm)	12	6	4	3	2.4	2	〜	1

② 縦×横の値はいつもどうなっていますか。

縦×横＝（　12　）

③ 縦の長さが2倍、3倍、4倍、……となると、横の長さは
どのようになっていますか。（　）にかきましょう。

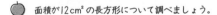

縦(cm)	1	2	3	4	5	6	〜	12
横(cm)	12	6	4	3	2.4	2	〜	1

㋐（ $\frac{1}{2}$ ）　㋑（ $\frac{1}{3}$ ）　㋒（ $\frac{1}{4}$ ）

118

反比例とは

ともなって変わる2つの量があって、一方の値が2
倍、3倍、……になると、他方が $\frac{1}{2}$ 、 $\frac{1}{3}$ 、……にな
るとき、2つの量は反比例するといいます。
　反比例する2つの数をかけると、積はいつも同じに
なります。

$$x × y = \boxed{決まった数}$$

または、 $y = \boxed{決まった数} ÷ x$

の式で表すことができます。

① 左ページの面積が12cm²の長方形の縦を x 、横を y として、
y を求める式をかきましょう。

$$y = （　12　）÷（　x　）$$

② 面積が32cm²の長方形があります。

① 縦 x 、横 y として、関係を式に表しましょう。

$$x（　×　）y = （　32　）$$

② y を求める式をかきましょう。

$$y = （　32　）÷（　x　）$$

③ ②を使って縦が4cmのときの横の長さを求めましょう。

式　$32÷4=8$

答え　　　8 cm

119

反比例のグラフ

面積が12cm²の長方形について調べましょう。

縦の長さ x (cm)	1	2	3	4	6	12
横の長さ y (cm)	12	6	4	3	2	1

① y は x に反比例しますか。　（　反比例する　）

② x と y の関係を式に表しましょう。

$$y = （　12÷x　）$$

③ 横の長さ（ x ）が5cmのときの y の値を求めましょう。

式　$y=12÷5=2.4$

答え　　　2.4cm

④ x と y の値の組をグラフに表しましょう。

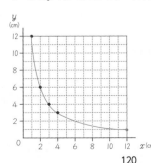

・表の数の組を点で示
しましょう。

・点と点をなめらかな
線で結びましょう。

120

反比例のグラフ

y は x に反比例します。

x	1	2	3	4	6	8	12	24
y	24	12	8	6	4	3	2	1

① x と y の関係を式に表しましょう。

$$y = （　24÷x　）$$

② x と y の値の組をグラフにしましょう。

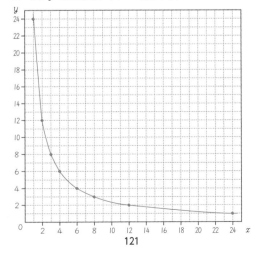

121

比例と反比例 ⑮
文章題

① 1分間に1L水を入れると、36分間でいっぱいになる水そうがあります。1分間に入れる水の量を増やすとどうなりますか。

1分間に入れる水の量 x (L)	1	2	3	4	6	9	12	18	36
か か る 時 間 y (分)	36	18	12	9	6	4	3	2	1

① 表の空いているらんに数をかきましょう。
② y を、x を使った式で表しましょう。

$$y = 36 \div x$$

③ 8分で水そうをいっぱいにするには、1分間に何Lの水を入れたらよいですか。

式 $x = 36 \div 8 = \dfrac{9}{2} = 4.5$

答え　　　4.5L

② ともなって変わる x と y が、次の表のようになるときの関係を式で表しましょう。

①
x	2	3	4	6
y	60	40	30	20

$y = 120 \div x$

②
x	2	4	8	16
y	32	16	8	4

$y = 64 \div x$

122

比例と反比例 ⑯
文章題

比例することがらには「比」、反比例することがらには「反」、どちらでもないことがらには「×」をかきましょう。

① （ 比 ）　1分間に7Lずつ水を出したとき、水を出した時間とたまった水の量。

時 間 x (分)	1	2	3	4
水の量 y (L)	7	14	21	28

② （ 反 ）　120kmはなれた場所へ行くとき、車の時速とかかる時間。

時速 x (km/時)	30	40	50	60	80
時間 y (時間)	4	3	2.4	2	1.5

③ （ × ）　500円玉を持って、おやつを買ったとき、代金とおつり。

代 金 x (円)	100	200	300	400
おつり y (円)	400	300	200	100

④ （ 反 ）　面積が12cm²の三角形の底辺の長さと高さ。

底 辺 x (cm)	2	3	4	6	8
高 さ y (cm)	12	8	6	4	3

123

まとめテスト

まとめ ⑰
比例と反比例　／50点

① 次のことがらのうち、ともなって変わる2つの量が比例しているものに○、反比例しているものに△、どちらでもないものに×をつけましょう。 (1つ5点/20点)

① （ ○ ）100gが390円の肉の重さと代金。
② （ × ）1日の昼の長さと夜の長さ。
③ （ ○ ）正三角形の1辺の長さとまわりの長さ。
④ （ △ ）100kmの道のりを走る車の速さと時間。

② 次の表で y が x に比例しているものに○、反比例しているものに△、どちらでもないものに×をつけましょう。 (1つ5点/20点)

① （ × ）
x (cm)	1	2	3	4
y (cm)	9	8	7	6

② （ ○ ）
x (cm)	1	2	3	4
y (cm)	4	8	12	16

③ （ △ ）
x (cm)	1	2	3	4
y (cm)	12	6	4	3

④ （ × ）
x (さい)	1	2	3	4
y (さい)	3	4	5	6

③ 次の表は、y が x に比例しています。表に数を入れましょう。 (10点)

x (cm)	1	2	3	4	5	6
y (cm)	5	10	15	20	25	30

124

まとめテスト

まとめ ⑱
比例と反比例　／50点

① 針金の長さと重さの関係を表にしました。

長さ x (m)	1	2	3	4	5	6
重さ y (g)	150	300	450	600	750	900

① 表に数を入れましょう。 (10点)
② 表をグラフに表しましょう。 (10点)

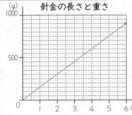

針金の長さと重さ

③ 針金の長さと重さの関係を x と y の式で表しましょう。 (5点)

（ $y = 150 \times x$ ）

② 面積が24cm²の長方形の縦の長さと横の長さの関係を表にしました。

縦の長さ x (cm)	1	2	3	4	5	6	8	12	24
横の長さ y (cm)	24	12	8	6	4.8	4	3	2	1

① 表を完成させましょう。 (15点)
② x と y の関係を表しましょう。 (5点) （ $y = 24 \div x$ ）
③ どんなグラフになりますか。 (5点)

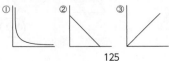

①　　　②　　　③

（ ① ）

125

31

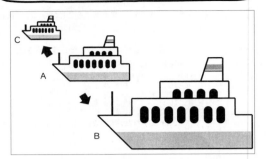

Bは、Aの船の図を形を変えないで大きくしました。
これを拡大するといいます。BはAの拡大図です。
Cは、Aの船の図を形を変えないで小さくしました。
これを縮小するといいます。CはAの縮図です。

どの部分の長さも2倍にした図を「2倍の拡大図」といいます。どの部分も$\frac{1}{2}$に縮めた図を「$\frac{1}{2}$の縮図」といいます。「2倍の拡大図」は縦も横も2倍になっているので「2倍」といってもずいぶん大きく感じます。

下の左の図の「2倍の拡大図」を右にかきました。

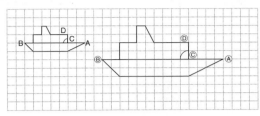

① 対応する辺の長さの比を簡単な比で表しましょう。

　⑦ (辺AB)：(辺ⒶⒷ) = (　1　：　2　)

　⑦ (辺CD)：(辺ⒸⒹ) = (　1　：　2　)

② 対応する角の大きさを比べましょう。

　⑦ 角B (45°)と角Ⓑ (45°)

　⑦ 角C (90°)と角Ⓒ (90°)

③ 他にも対応する辺の長さの比や、角の大きさを調べてみましょう。

拡大図や縮図では、対応する辺の長さの比はすべて等しくなります。また、対応する角の大きさは等しくなります。

① 図の2倍の拡大図をかきましょう。また、$\frac{1}{2}$の縮図もかきましょう。

①

拡大図　　　　　　縮図

②

拡大図　　　　　　縮図

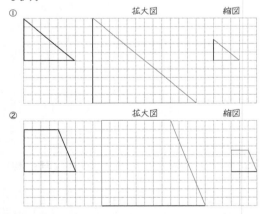

② 図の$\frac{1}{2}$の縮図をかきましょう。

縮図

ヒントの線が太くなっているよ。

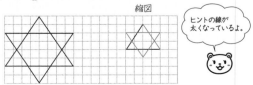

三角形の2倍の拡大図を、定規とコンパスや分度器を使ってかきましょう。

①

②

③

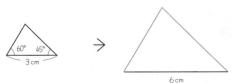

拡大図・縮図

三角形の縮図をかきましょう。

①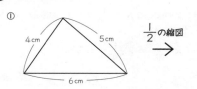

$\dfrac{1}{2}$ の縮図

②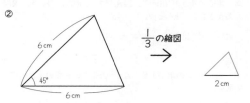

$\dfrac{1}{3}$ の縮図

③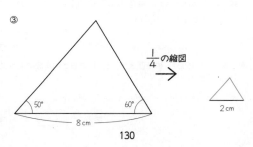

$\dfrac{1}{4}$ の縮図

130

拡大図・縮図

三角形ＡＢＣの３倍の拡大図を頂点Ａを中心にしてかきました。

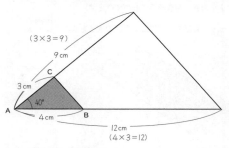

① 三角形の２倍の拡大図を、頂点Ａを中心にしてかきましょう。

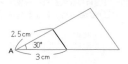

② 三角形の $\dfrac{1}{2}$ の縮図を、頂点Ａを中心にしてかきましょう。

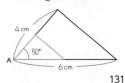

131

拡大図・縮図

四角形の２倍の拡大図と $\dfrac{1}{2}$ の縮図を、頂点Ａを中心にしてかきましょう。

①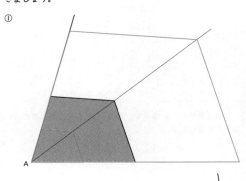

②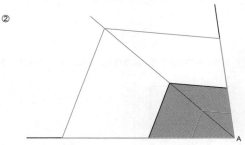

132

縮 尺

縮図で、長さを縮めた割合を縮尺といいます。

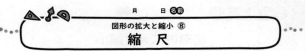

左の縮図は、実際は25mあるプールの縦の長さを25mmに縮めてかいています。

25mm：25m
25mm：25000mm＝25：25000
　　　　　　　　　＝１：1000

上の図の縮尺は１：1000です。縮尺 $\dfrac{1}{1000}$ ともいいます。

① 体育館の縮図は、いくらの縮尺でかかれていますか。

4：4000cm＝１：1000

答え　　$\dfrac{1}{1000}$

② 地図では、下のような方法で縮尺を表すことがあります。
０から８の間は２cmですが、地図上では、８kmになるということを表しています。縮尺はいくらですか。

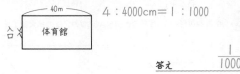

2：800000＝１：400000

答え　　$\dfrac{1}{400000}$

133

縮図から求める

実際に長さを測るのがむずかしいところでも、縮図をかいて、およその長さを求めることができます。

① $\frac{1}{1000}$ の縮図で、川はばの実際の長さを求めましょう。

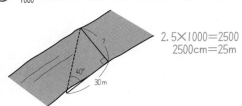

2.5×1000＝2500
2500cm＝25m

答え　約　25m

② ビルの高さを知りたいと思い、100mはなれた所から角度をはかったら、60°ありました。このビルの高さは、およそ何mですか。縮図から求めましょう。

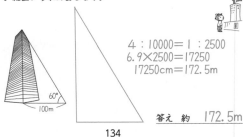

4：10000＝1：2500
6.9×2500＝17250
17250cm＝172.5m

答え　約　172.5m

134

縮図の長さ・実際の長さ

次の問いに答えましょう。

① 実際の長さが30mで縮尺が $\frac{1}{1000}$ のとき、縮図上の長さを求めましょう。

式　30（m）×$\frac{1}{1000}$ ⇒ $\frac{3000\,(cm)}{1000}$ ＝3

答え　3cm

② 実際の長さが10kmで、縮尺が1：200000 のとき、縮図上の長さを求めましょう。

式　1000000×$\frac{1}{200000}$ ＝5

答え　5cm

③ 縮尺 $\frac{1}{1000}$ の縮図上で、4cmの長さの実際の長さは何mですか。

式　4（cm）÷$\frac{1}{1000}$ ＝4（cm）×1000＝4000（cm）
4000cm＝　40　m

答え　40m

④ 縮尺1：100000 の縮図上で、5cmの長さの実際の長さは何kmですか。

式　5×100000＝500000　　500000cm＝5km

答え　5km

135

図形の拡大と縮小　　/50点

① 図で㋐の図形の拡大図、縮図になっているものを選びましょう。
（1つ10点／20点）

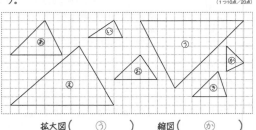

拡大図（　㋒　）　縮図（　㋕　）

② 平行四辺形EFGHは平行四辺形ABCDの2倍の拡大図です。
（各10点／30点）

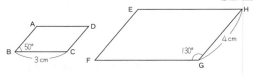

① 辺BCに対応する辺はどこで何cmですか。　（辺　FG　）（　6　cm）

② 角Bに対応する角はどこで何度ですか。　（角　F　）（　50　度）

③ 辺GHに対応する辺はどこで何cmですか。　（辺　CD　）（　2　cm）

136

図形の拡大と縮小　　/50点

① 次の図形の2倍の拡大図と $\frac{1}{2}$ の縮図をかきましょう。
（図1つ10点／20点）

拡大図　　　　縮図

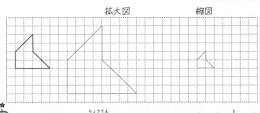

② 次の三角形ABCを頂点Bを中心にして2倍の拡大図と $\frac{1}{2}$ の縮図をかきましょう。
（図1つ10点／20点）

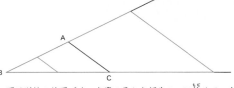

③ 図は学校の縮図です。実際の長さを何分の一に縮めていますか。
（10点）

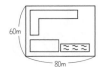

3：6000＝1：2000

答え　$\frac{1}{2000}$

137

34

円の面積 ①
細かく分けて求める

● 半径10cmの円の面積と、1辺10cmの正方形の面積について、調べましょう。

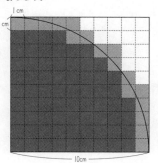

円の $\frac{1}{4}$ をかいて、調べました。

 が 69→69cm²

 が 17 →(0.5×17=8.5) 約8.5cm²。

※欠けているところがあるので、 の1マスを0.5cm²と考える。

69＋8.5=77.5

円全体では、77.5×4＝310　　答え　約310cm²

半径10cmの円の面積は、1辺10cmの正方形の面積
(10×10=100) の約3.1倍です。

138

円の面積 ②
細かく分けて求める

● 円の面積について調べましょう。

① 円を下のように等分しました。

 このように並べました

② もっと小さい形に等分しました。

 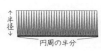

②の図は、長方形に近い形ですね。

長方形の面積＝縦×横

円の面積＝(半径)×(円周の半分) …とします。

＝(半径)×(直径×円周率の半分)

＝(半径)×(半径×2×円周率÷2)

＝半径×半径×円周率

円の面積 ＝ 半径 × 半径 × 円周率(3.14)

139

円の面積 ③
半径から求める

円の面積＝半径×半径×円周率

● 円の面積を求めましょう。

①

式　(半径×半径×円周率)
4×4×3.14＝50.24

答え　50.24cm²

②

式　3×3×3.14＝28.26

答え　28.26cm²

③

式　5×5×3.14＝78.5

答え　78.5cm²

140

円の面積 ④
半径から求める

● 円の面積を求めましょう。

①

式　2×2×3.14＝12.56

答え　12.56cm²

② 半径9cmの円

式　9×9×3.14＝254.34

答え　254.34cm²

③ 半径12cmの円

式　12×12×3.14＝452.16

答え　452.16cm²

④ 半径20cmの円

式　20×20×3.14＝1256

答え　1256cm²

141

円の面積 ⑤
直径から求める

● 円の面積を求めましょう。

①

式　（半径×半径×円周率）
8÷2＝4
4×4×3.14＝50.24

答え　50.24cm²

②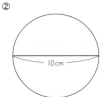

式　10÷2＝5
5×5×3.14＝78.5

答え　78.5cm²

③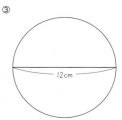

式　12÷2＝6
6×6×3.14＝113.04

答え　113.04cm²

142

円の面積 ⑥
直径から求める

● 円の面積を求めましょう。

①

式　4÷2＝2
2×2×3.14＝12.56

答え　12.56cm²

② 直径16cmの円

式　16÷2＝8
8×8×3.14＝200.96

答え　200.96cm²

③ 直径20cmの円

式　20÷2＝10
10×10×3.14＝314

答え　314cm²

④ 直径40cmの円

式　40÷2＝20
20×20×3.14＝1256

答え　1256cm²

143

円の面積 ⑦
組み合わせた形

● ■の部分の面積を求めましょう。

①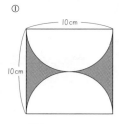

ヒント

半円をいれかえると

式　□の面積は　10×10＝100
　　○の面積は　10÷2＝5　　5×5×3.14＝78.5
　　□－○　　100－78.5＝21.5

答え　21.5cm²

②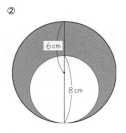

式　6×6×3.14＝113.04
8÷2＝4
4×4×3.14＝50.24
113.04－50.24＝62.8

答え　62.8cm²

144

円の面積 ⑧
組み合わせた形

● ■の部分の面積を求めましょう。

①

ヒント

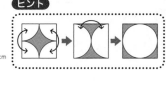

式　8×8＝64
8÷2＝4　　4×4×3.14＝50.24
64－50.24＝13.76

答え　13.76cm²

②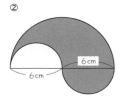

式　6×6×3.14÷2
＝56.52

答え　56.52cm²

145

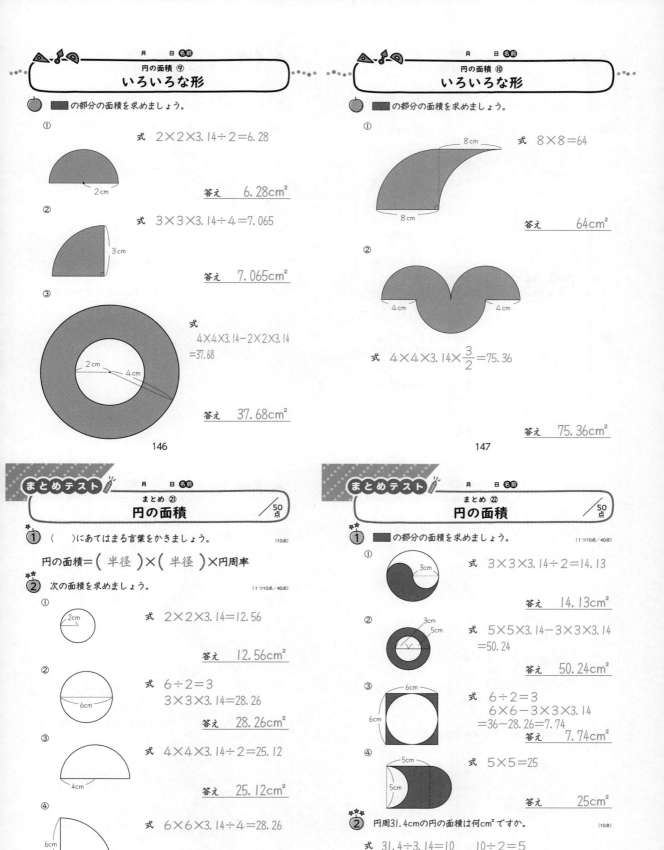

🍎 ■の部分の面積を求めましょう。

①

式　$2 \times 2 \times 3.14 \div 2 = 6.28$

2cm

答え　　6.28cm²

②

3cm

式　$3 \times 3 \times 3.14 \div 4 = 7.065$

答え　7.065cm²

③

2cm　4cm

式
$4 \times 4 \times 3.14 - 2 \times 2 \times 3.14$
$= 37.68$

答え　37.68cm²

146

🍎 ■の部分の面積を求めましょう。

①

8cm

8cm

式　$8 \times 8 = 64$

答え　　64cm²

②

4cm　4cm

式　$4 \times 4 \times 3.14 \times \dfrac{3}{2} = 75.36$

答え　75.36cm²

147

①　（　）にあてはまる言葉をかきましょう。　(10点)

円の面積＝（半径）×（半径）×円周率

②　次の面積を求めましょう。　(1つ10点／40点)

①

2cm

式　$2 \times 2 \times 3.14 = 12.56$

答え　12.56cm²

②

6cm

式　$6 \div 2 = 3$
$3 \times 3 \times 3.14 = 28.26$

答え　28.26cm²

③

4cm

式　$4 \times 4 \times 3.14 \div 2 = 25.12$

答え　25.12cm²

④

6cm

式　$6 \times 6 \times 3.14 \div 4 = 28.26$

答え　28.26cm²

148

①　■の部分の面積を求めましょう。　(1つ10点／40点)

①

3cm

式　$3 \times 3 \times 3.14 \div 2 = 14.13$

答え　14.13cm²

②

3cm　5cm

式　$5 \times 5 \times 3.14 - 3 \times 3 \times 3.14$
$= 50.24$

答え　50.24cm²

③

6cm

6cm

式　$6 \div 2 = 3$
$6 \times 6 - 3 \times 3 \times 3.14$
$= 36 - 28.26 = 7.74$

答え　7.74cm²

④

5cm

5cm

式　$5 \times 5 = 25$

答え　25cm²

②　円周31.4cmの円の面積は何cm²ですか。　(10点)

式　$31.4 \div 3.14 = 10$　　$10 \div 2 = 5$
$5 \times 5 \times 3.14 = 78.5$

答え　78.5cm²

149

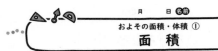

面 積

次の形のおよその面積を考えましょう。

①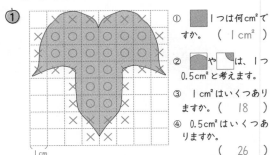

① ⬛ 1つは何cm²ですか。 （ 1cm² ）

② ◗ や ◸ は、1つ0.5cm²と考えます。

③ 1cm²はいくつありますか。（ 18 ）

④ 0.5cm²はいくつありますか。（ 26 ）

⑤ この図は、およそ何cm²と考えればよいですか。

式 $1×18+0.5×26=18+13=31$

答え およそ 31cm²

②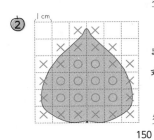

① と同じように考えます。この形のおよその面積を求めましょう。

式 $1×10+0.5×20$
$=10+10=20$

答え およそ 20cm²

150

面 積

次の形のおよその面積を考えましょう。

①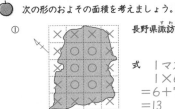

長野県諏訪湖（実際は13.3km²）

式 1マス1km²
$1×6+0.5×14$
$=6+7$
$=13$

答え およそ 13km²

②

新潟県佐渡島（実際は855.68km²）

式 1マス100km²
$50×17=850$

答え およそ 850km²

151

面 積

およその面積を求めましょう。

① A，Bそれぞれの畑の面積

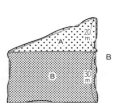

A 式 $50×20÷2=500$

答え およそ500m²

B 式 $50×30=1500$

答え およそ1500m²

② 前方後円墳の面積（100m²未満は切り捨て）

25430m²

式 $(78+130)×130÷2$
$=13520$
$25430+13520$
$=38950→38900$

答え およそ38900m²

152

面 積

およその面積を求めましょう。

①

琵琶湖（実際は669.26km²）

式 $60×22÷2$
$=660$

答え およそ660km²

②

淡路島（実際は592.17km²）

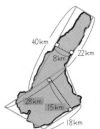

式 $(40+22)×8÷2$
$=248$
$(28+18)×15÷2$
$=345$
$248+345=593$

答え およそ593km²

153

次の形のおよその体積を求めましょう。

①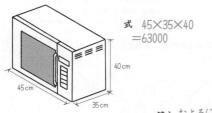

式　45×35×40
　　＝63000

40cm
45cm
35cm

答え およそ63000cm³

②

10cm
15cm

式　10×10×3.14＝314
　　314×15＝4710

答え およそ4710cm³

154

次の形のおよその体積を求めましょう。

①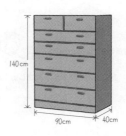

140cm
90cm
40cm

式　90×40×140
　　＝504000

答え およそ504000cm³

②

150cm
60cm
50cm

式　60×50×150
　　＝450000

答え およそ450000cm³

155

次の立体の体積の求め方を考えましょう。

① 直方体と考えて体積を求めましょう。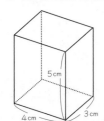

縦　　3cm
横　　4cm
高さ　5cm

式　3×4×5＝60

5cm
4cm　3cm

答え　　　60cm³

② 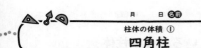 の部分を底面積といいます。縦×横を底面積として、体積を求めましょう。

$3×4$ × $\boxed{5}$ = $\boxed{60}$
（底面積）×（高さ）＝ （体積）

5cm
4cm　3cm

答え　　　60cm³

この四角柱の体積は、
底面積 × 高さ
で求めることができます。

156

次の立体の体積の求め方を考えましょう。

① 直方体を半分にした三角柱です。直方体の体積を求めてから、半分にします。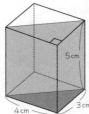

縦×横×高さ÷2

5cm
4cm　3cm

式　3×4×5÷2
　　＝30

答え　　　30cm³

② 上の三角柱の底面積を考えて、体積を求めましょう。

①は $\left(\dfrac{3×4×5}{縦×横×高さ} ÷ 2\right)$ で求めました。
　　　　直方体の　　半分

底面積（三角形の面積）は
（底辺）×（三角形の高さ）÷ 2　となります。
　3　×　　4　　÷2

$\underset{（底面積）}{3×4÷2}$ × $\underset{（立体の高さ）}{5}$ ＝(30)
　　　　　　　　　　　　　　体積

5cm
4cm　3cm

答え　　　30cm³

157

39

柱体の体積 ③
四角柱

● 次の立体の体積の求め方を答えましょう。
底面は、対角線が2cmと4cmのひし形です。

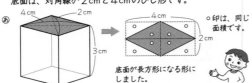

○印は、同じ面積です。

底面が長方形になる形にしました。

① 直方体⑥の体積を求めましょう。

式　$2 \times 4 \times 3 = 24$

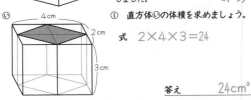

答え　　24cm³

② もとの立体⑥は、直方体⑥の半分の体積です。
⑥の体積を求めましょう。

式　(2)×(4)×(3)÷2＝12

答え　　12cm³

③ （底面積）×高さでもとの立体の体積を計算しましょう。

$\underline{2 \times 4 \div 2} \times (3) = (12)$
（底面積）　　（高さ）

答え　　12cm³

158

柱体の体積 ④
角 柱

どんな多角形でも、三角形に分けられるのと同じように、どんな角柱でも、三角柱に分けることができます。
角柱の体積の公式は次のようになります。

　角柱の体積 ＝ 底面積×高さ

● 次の角柱の体積を求めましょう。

①

式　$3 \times 1 \div 2 = 1.5$
　　$1.5 \times 3 = 4.5$

（底面は三角形）

答え　　4.5cm³

②
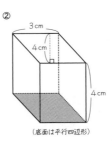

式　$3 \times 4 = 12$
　　$12 \times 4 = 48$

（底面は平行四辺形）

答え　　48cm³

159

柱体の体積 ⑤
円 柱

● 円柱の体積の求め方について考えましょう。

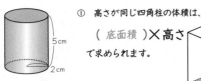

① 高さが同じ四角柱の体積は、

　(底面積)×高さ

で求められます。

② 底面の辺の数をどんどん増やします。

底面がだんだん円に近くなっていきます。
円柱の体積も、底面積×高さで求めても、よいようですね。

　円柱の体積 ＝ 底面積×高さ

③ 次の円柱の体積を求めましょう。（円周率は3.14）

式　$4 \times 4 \times 3.14 = 50.24$
　　$50.24 \times 4 = 200.96$

答え　200.96cm³

160

柱体の体積 ⑥
いろいろな柱体

● 次の柱体の体積を求めましょう。

①

式　$3 \times 5 = 15$
　　$15 \times 2 = 30$

答え　　30cm³

②
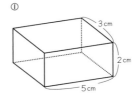

式　$2 \times 2 \times 3.14 = 12.56$
　　$12.56 \times 10 = 125.6$

（円周率は3.14）

答え　125.6cm³

③
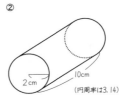
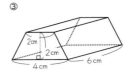

式　$(2+4) \times 2 \div 2 = 6$
　　$6 \times 6 = 36$

答え　　36cm³

161

40

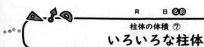

柱体の体積 ⑦
いろいろな柱体

● 次の柱体の体積を求めましょう。

①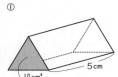

式　10×5＝50

答え　　　50cm³

②

式　20×4＝80

答え　　　80cm³

③

式　8×6＝48

答え　　　48cm³

162

柱体の体積 ⑧
いろいろな柱体

● 次の柱体の体積を求めましょう。

① 底面積が15cm²で高さが4cmの円柱。

式　15×4＝60

答え　　　60cm³

② 底面積が22cm²で高さが2cmの六角柱。

式　22×2＝44

答え　　　44cm³

③ 底面の半径が10cmで高さが10cmの円柱（円周率3.14）。

式　10×10×3.14＝314
　　314×10＝3140

答え　　　3140cm³

④ 底面が1辺7cmの正方形で高さが9cmの四角柱。

式　7×7＝49
　　49×9＝441

答え　　　441cm³

163

まとめテスト

まとめ ㉓
柱体の体積　　／50点

① （　　）にあてはまる言葉を入れましょう。　(10点)

角柱・円柱の体積＝（ 底面積 ）×（ 高さ ）

② 次の立体の体積を求めましょう。　(1つ10点／40点)

①

式　3×3＝9
　　9×2＝18

答え　　　18cm³

②

式　3×4÷2＝6
　　6×7＝42

答え　　　42cm³

③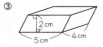

式　5×2＝10
　　10×4＝40

答え　　　40cm³

④

式　2×2×3.14＝12.56
　　12.56×6＝75.36

答え　　　75.36cm³

164

まとめテスト

まとめ ㉔
柱体の体積　　／50点

① 次の立体の体積を求めましょう。　(1つ10点／30点)

① 底面積が15cm²で高さが8cmの五角柱。

式　15×8＝120　　　答え　120cm³

②

式　(5＋3)×2÷2＝8
　　8×6＝48

答え　　　48cm³

③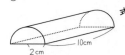

式　2×2×3.14÷2＝6.28
　　6.28×10＝62.8

答え　　　62.8cm³

② 次の展開図について答えましょう。

① 立体の名前をかきましょう。(5点)　（ 三角柱 ）

② 高さは何cmですか。　(5点)
　　　　　　　　　　　　　（ 4cm ）

③ 体積を求めましょう。(10点)

式　3×4÷2＝6
　　6×4＝24

答え　　　24cm³

165

41

達成表

勉強が終わったらチェックする。問題が全部できて字もていねいに書けたら「よくできた」だよ。「よくできた」になるようにがんばろう!

学習内容	学習日	がんばろう	できた	よくできた
対称な図形①		☆	☆☆	☆☆☆
対称な図形②		☆	☆☆	☆☆☆
対称な図形③		☆	☆☆	☆☆☆
対称な図形④		☆	☆☆	☆☆☆
対称な図形⑤		☆	☆☆	☆☆☆
対称な図形⑥		☆	☆☆	☆☆☆
対称な図形⑦		☆	☆☆	☆☆☆
対称な図形⑧		☆	☆☆	☆☆☆
対称な図形⑨		☆	☆☆	☆☆☆
対称な図形⑩		☆	☆☆	☆☆☆
対称な図形⑪		☆	☆☆	☆☆☆
対称な図形⑫		☆	☆☆	☆☆☆
まとめ①			得点	
まとめ②			得点	
文字と式①		☆	☆☆	☆☆☆
文字と式②		☆	☆☆	☆☆☆
文字と式③		☆	☆☆	☆☆☆
文字と式④		☆	☆☆	☆☆☆
文字と式⑤		☆	☆☆	☆☆☆
文字と式⑥		☆	☆☆	☆☆☆
まとめ③			得点	
まとめ④			得点	
分数のかけ算①		☆	☆☆	☆☆☆
分数のかけ算②		☆	☆☆	☆☆☆
分数のかけ算③		☆	☆☆	☆☆☆
分数のかけ算④		☆	☆☆	☆☆☆
分数のかけ算⑤		☆	☆☆	☆☆☆
分数のかけ算⑥		☆	☆☆	☆☆☆
分数のかけ算⑦		☆	☆☆	☆☆☆
分数のかけ算⑧		☆	☆☆	☆☆☆

学習内容	学習日	がんばろう	できた	よくできた
分数のかけ算⑨		☆	☆☆	☆☆☆
分数のかけ算⑩		☆	☆☆	☆☆☆
分数のかけ算⑪		☆	☆☆	☆☆☆
分数のかけ算⑫		☆	☆☆	☆☆☆
分数のかけ算⑬		☆	☆☆	☆☆☆
分数のかけ算⑭		☆	☆☆	☆☆☆
分数のかけ算⑮		☆	☆☆	☆☆☆
分数のかけ算⑯		☆	☆☆	☆☆☆
まとめ⑤			得点	
まとめ⑥			得点	
分数のわり算①		☆	☆☆	☆☆☆
分数のわり算②		☆	☆☆	☆☆☆
分数のわり算③		☆	☆☆	☆☆☆
分数のわり算④		☆	☆☆	☆☆☆
分数のわり算⑤		☆	☆☆	☆☆☆
分数のわり算⑥		☆	☆☆	☆☆☆
分数のわり算⑦		☆	☆☆	☆☆☆
分数のわり算⑧		☆	☆☆	☆☆☆
分数のわり算⑨		☆	☆☆	☆☆☆
分数のわり算⑩		☆	☆☆	☆☆☆
分数のわり算⑪		☆	☆☆	☆☆☆
分数のわり算⑫		☆	☆☆	☆☆☆
分数のわり算⑬		☆	☆☆	☆☆☆
分数のわり算⑭		☆	☆☆	☆☆☆
分数のわり算⑮		☆	☆☆	☆☆☆
分数のわり算⑯		☆	☆☆	☆☆☆
まとめ⑦			得点	
まとめ⑧			得点	
いろいろな分数①		☆	☆☆	☆☆☆
いろいろな分数②		☆	☆☆	☆☆☆
いろいろな分数③		☆	☆☆	☆☆☆
いろいろな分数④		☆	☆☆	☆☆☆
いろいろな分数⑤		☆	☆☆	☆☆☆

学習内容	学習日	がんばろう	できた	よくできた
いろいろな分数⑥		☆	☆☆	☆☆☆
小数・分数①		☆	☆☆	☆☆☆
小数・分数②		☆	☆☆	☆☆☆
小数・分数③		☆	☆☆	☆☆☆
小数・分数④		☆	☆☆	☆☆☆
小数・分数⑤		☆	☆☆	☆☆☆
小数・分数⑥		☆	☆☆	☆☆☆
まとめ⑨			得点	
まとめ⑩			得点	
場合の数①		☆	☆☆	☆☆☆
場合の数②		☆	☆☆	☆☆☆
場合の数③		☆	☆☆	☆☆☆
場合の数④		☆	☆☆	☆☆☆
場合の数⑤		☆	☆☆	☆☆☆
場合の数⑥		☆	☆☆	☆☆☆
場合の数⑦		☆	☆☆	☆☆☆
場合の数⑧		☆	☆☆	☆☆☆
まとめ⑪			得点	
まとめ⑫			得点	
資料の調べ方①		☆	☆☆	☆☆☆
資料の調べ方②		☆	☆☆	☆☆☆
資料の調べ方③		☆	☆☆	☆☆☆
資料の調べ方④		☆	☆☆	☆☆☆
資料の調べ方⑤		☆	☆☆	☆☆☆
資料の調べ方⑥		☆	☆☆	☆☆☆
まとめ⑬			得点	
まとめ⑭			得点	
比①		☆	☆☆	☆☆☆
比②		☆	☆☆	☆☆☆
比③		☆	☆☆	☆☆☆
比④		☆	☆☆	☆☆☆
比⑤		☆	☆☆	☆☆☆
比⑥		☆	☆☆	☆☆☆

学習内容	学習日	がんばろう	できた	よくできた
比⑦		☆	☆☆	☆☆☆
比⑧		☆	☆☆	☆☆☆
比⑨		☆	☆☆	☆☆☆
比⑩		☆	☆☆	☆☆☆
まとめ⑮			得点	
まとめ⑯			得点	
比例と反比例①		☆	☆☆	☆☆☆
比例と反比例②		☆	☆☆	☆☆☆
比例と反比例③		☆	☆☆	☆☆☆
比例と反比例④		☆	☆☆	☆☆☆
比例と反比例⑤		☆	☆☆	☆☆☆
比例と反比例⑥		☆	☆☆	☆☆☆
比例と反比例⑦		☆	☆☆	☆☆☆
比例と反比例⑧		☆	☆☆	☆☆☆
比例と反比例⑨		☆	☆☆	☆☆☆
比例と反比例⑩		☆	☆☆	☆☆☆
比例と反比例⑪		☆	☆☆	☆☆☆
比例と反比例⑫		☆	☆☆	☆☆☆
比例と反比例⑬		☆	☆☆	☆☆☆
比例と反比例⑭		☆	☆☆	☆☆☆
比例と反比例⑮		☆	☆☆	☆☆☆
比例と反比例⑯		☆	☆☆	☆☆☆
まとめ⑰			得点	
まとめ⑱			得点	
図形の拡大と縮小①		☆	☆☆	☆☆☆
図形の拡大と縮小②		☆	☆☆	☆☆☆
図形の拡大と縮小③		☆	☆☆	☆☆☆
図形の拡大と縮小④		☆	☆☆	☆☆☆
図形の拡大と縮小⑤		☆	☆☆	☆☆☆
図形の拡大と縮小⑥		☆	☆☆	☆☆☆
図形の拡大と縮小⑦		☆	☆☆	☆☆☆
図形の拡大と縮小⑧		☆	☆☆	☆☆☆
図形の拡大と縮小⑨		☆	☆☆	☆☆☆

学習内容	学習日	がんばろう	できた	よくできた
図形の拡大と縮小⑩		☆	☆☆	☆☆☆
まとめ⑲			得点	
まとめ⑳			得点	
円の面積①		☆	☆☆	☆☆☆
円の面積②		☆	☆☆	☆☆☆
円の面積③		☆	☆☆	☆☆☆
円の面積④		☆	☆☆	☆☆☆
円の面積⑤		☆	☆☆	☆☆☆
円の面積⑥		☆	☆☆	☆☆☆
円の面積⑦		☆	☆☆	☆☆☆
円の面積⑧		☆	☆☆	☆☆☆
円の面積⑨		☆	☆☆	☆☆☆
円の面積⑩		☆	☆☆	☆☆☆
まとめ㉑			得点	
まとめ㉒			得点	
およその面積・体積①		☆	☆☆	☆☆☆
およその面積・体積②		☆	☆☆	☆☆☆
およその面積・体積③		☆	☆☆	☆☆☆
およその面積・体積④		☆	☆☆	☆☆☆
およその面積・体積⑤		☆	☆☆	☆☆☆
およその面積・体積⑥		☆	☆☆	☆☆☆
柱体の体積①		☆	☆☆	☆☆☆
柱体の体積②		☆	☆☆	☆☆☆
柱体の体積③		☆	☆☆	☆☆☆
柱体の体積④		☆	☆☆	☆☆☆
柱体の体積⑤		☆	☆☆	☆☆☆
柱体の体積⑥		☆	☆☆	☆☆☆
柱体の体積⑦		☆	☆☆	☆☆☆
柱体の体積⑧		☆	☆☆	☆☆☆
まとめ㉓			得点	
まとめ㉔			得点	

③ 関数

→ 本冊 p.74〜81
解ける！ ほぼOK 見直し

| チェック1 | ◎ | ○ | × |
| チェック2 | ◎ | ○ | × |

1次関数

チェック1 右の直線はある1次関数のグラフです。この関数の式を求めなさい。

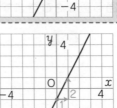

グラフは点 $\left(0,\ \boxed{-1}\right)$ を通るので，切片は

$\boxed{-1}$ です。 ⟜ y 軸と交わる点を調べる。

また，グラフは右へ1進むと上へ2進むので，傾きは

$\boxed{2}$ です。

答 $\boxed{y=2x-1}$

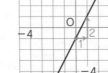

チェック2 2点（−1，3），（2，6）を通る直線の式を求めなさい。

求める直線の式を $y=ax+b$ とすると，

2点（−1，3），（2，6）を通るから，傾き a は，

$a=\dfrac{6-3}{2-(-1)}=\dfrac{3}{3}=\boxed{1}$

また，求める直線は点（2，6）を通るので，

$6=2+b$ ⟜ 上の式に，a の値と，$x=2$，$y=6$ を代入。

$b=\boxed{4}$ 答 $\boxed{y=x+4}$

直線の式を求めるときは，$y=ax+b$ の a と b の値を求めて，その値を式に代入するよ。

入試を解く コツ

◦ 直線の式は $y=ax+b$ で表されるよ。a は傾き，b は切片だよ。

◦ 通る2点が与えられれば，傾き a と切片 b が求められるよ。

---

③ 関数

→ 本冊 p.82〜87
解ける！ ほぼOK 見直し

| チェック1 | ◎ | ○ | × |
| チェック2 | ◎ | ○ | × |

関数 $y=ax^2$

チェック1 関数 $y=x^2$ について，x の変域が $-2\leqq x\leqq 1$ のとき，y の変域を求めなさい。

右のグラフより，y は $x=0$ のとき最小値をとり，その値は，
$x=1$ のときではないので注意。

$y=0^2=\boxed{0}$

$x=-2$ のとき最大値をとり，その値は，

$y=(-2)^2=\boxed{4}$

答 $\boxed{0}\leqq y\leqq\boxed{4}$

最小値 最大値

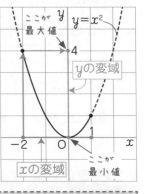
ここが 最大値 $y=x^2$
y の変域
x の変域 ここが 最小値

チェック2 関数 $y=-x^2$ について，x の値が1から3まで増加するときの変化の割合を求めなさい。

$x=1$ のとき，$y=-1^2=-1$

$x=3$ のとき，$y=-3^2=-9$

（x の増加量）$=3-1=\boxed{2}$

（y の増加量）$=-9-(-1)=\boxed{-8}$

（変化の割合）$=\dfrac{（y\text{ の増加量}）}{（x\text{ の増加量}）}=\boxed{\dfrac{-8}{2}}=\boxed{-4}$

関数 $y=ax^2$ の変化の割合を求めるときは，x と y の増加量を計算するよ。

入試を解く コツ

◦ 関数 $y=ax^2$ で y の変域を求めるときは，グラフをかいて求めよう。

◦ 変化の割合を求めるときは，x と y の増加量を計算しよう。

→ 本冊 p.96〜99
解ける！ ほぼOK 見直し

| チェック1 | ◎ | ○ | × |
| チェック2 | ◎ | ○ | × |

平面図形1

チェック1 右の△ABCで，辺 AB 上にあって，2点 B，C からの距離が等しい点 P を作図しなさい。

線分 BC の 垂直二等分線 を作図します。

1 点 B，C を中心とする半径の等しい円をかき，2つの円の交点を D，E とします。

2 直線 DE をひき，線分 AB との交点を P とします。

答
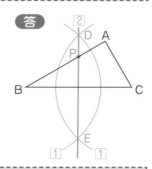

チェック2 右の△ABCで，辺 AB 上にあって，2辺 AC，BC から等しい距離にある点 P を作図しなさい。

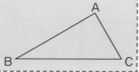

∠ACB の 二等分線 を作図します。

1 点 C を中心とする円をかき，辺 AC，BC との交点を D，E とします。

2 点 D，E を中心とする半径の等しい円をかき，その交点を F とします。

3 半直線 CF をひき，線分 AB との交点を P とします。

答
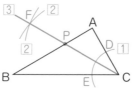

 入試を解く **コツ**

- 2点 A，B から距離が等しい点は，線分 AB の垂直二等分線上にあるよ。
- 2辺から距離が等しい点は，その2辺がつくる角の二等分線上にあるよ。

→ 本冊 p.70〜73
解ける！ ほぼOK 見直し

| チェック1 | ◎ | ○ | × |
| チェック2 | ◎ | ○ | × |

比例と反比例

チェック1 $y=3x$ のグラフをかきなさい。

原点を通り，点 $(1, \boxed{3})$ を通る直線をひきます。

答
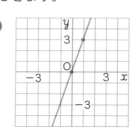

これがタイセつ

比例 $y=ax$ のグラフ

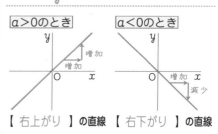

| $a>0$のとき | $a<0$のとき |

【 右上がり 】の直線　【 右下がり 】の直線

チェック2 $y=-\dfrac{4}{x}$ のグラフをかきなさい。

$x×y=-4$より，x 座標と y 座標の積が $\boxed{-4}$ となる整数の点をとって，双曲線をかきます。

答
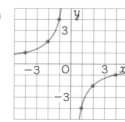

たしカメよう

反比例 $y=\dfrac{a}{x}$ のグラフ

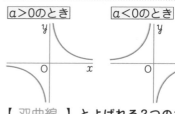

| $a>0$のとき | $a<0$のとき |

【 双曲線 】とよばれる2つのなめらかな曲線

 入試を解く **コツ**

- 比例のグラフは，原点を通る直線であることに注意しよう。
- 反比例のグラフをかくときは，x 座標と y 座標の積に注目して点をとろう。

入試によく出る！

2 方程式

→ 本冊 p.56〜61
解ける！ ほぼOK 見直し
チェック1 ◎ ○ ×
チェック2 ◎ ○ ×

2次方程式

チェック1 次の2次方程式を解きなさい。
$$x^2+3x-18=0$$

因数分解の公式①を使って，左辺を因数分解します。

$$x^2+3x-18=0$$

和が3　　積が−18

因数分解の公式①は，
$x^2+(a+b)x+ab$
$=(x+a)(x+b)$
だったね。

$$\left(x-\boxed{3}\right)\left(x+\boxed{6}\right)=0$$

どちらかが0なら，積も0

したがって， $x=\boxed{3}$, $\boxed{-6}$

チェック2 次の2次方程式を解きなさい。
$$x^2-3x-1=0$$

$$x=\frac{-\boxed{(-3)}\pm\sqrt{(-3)^2-4\times1\times(-1)}}{2\times1}$$

解の公式で， $a=1$ ， $b=-3$ ， $c=-1$

$$=\frac{\boxed{3}\pm\sqrt{9+\boxed{4}}}{2}$$

$$=\boxed{\dfrac{3\pm\sqrt{13}}{2}}$$

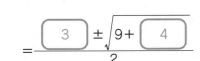
たしカメよう

2次方程式の解の公式

2次方程式 $ax^2+bx+c=0$
の解は，

$$x=\left[\ \frac{-b\pm\sqrt{b^2-4ac}}{2a}\ \right]$$

入試を解く **コツ**

● 2次方程式を解くときは，まず，因数分解を使って解けるか確かめよう。
● 解の公式を使えば，あらゆる2次方程式を解くことができるよ。

10

入試によく出る！

4 図形

→ 本冊 p.100〜101
解ける！ ほぼOK 見直し
チェック1 ◎ ○ ×
チェック2 ◎ ○ ×

平面図形2

チェック1 右の図は，円錐の展開図です。おうぎ形の中心角の大きさを求めなさい。ただし，円周率はπとします。

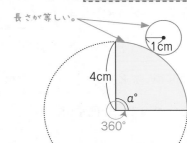
1cm
4cm

円錐の側面のおうぎ形の弧の長さが，円錐の底面の円周と等しいことを使います。

側面のおうぎ形の弧の長さを求めます。

中心角が $a°$ のおうぎ形の弧の長さは，

同じ半径をもつ円の円周の $\boxed{\dfrac{a}{360}}$ 倍なので，

$$2\pi\times4\times\boxed{\dfrac{a}{360}}\ (cm)$$

底面の円周は， $2\pi\times1(cm)$

円の半径が1cm

これより，

$$2\pi\times4\times\boxed{\dfrac{a}{360}}=2\pi\times1$$

両辺を 2π でわって，約分すると，

$$\frac{a}{90}=\boxed{1}$$

$$a=\boxed{90}$$

答 $\boxed{90}$ °

長さが等しい。
1cm
4cm
$a°$
360°

これがタイセツ

おうぎ形の面積 S と弧の長さ ℓ

$$S=\left[\ \pi r^2\times\frac{a}{360}\ \right]$$

$$\ell=\left[\ 2\pi r\times\frac{a}{360}\ \right]$$

ℓ
S
r
$a°$
360°

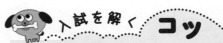
入試を解く **コツ**

● 円錐の展開図は，側面がおうぎ形で底面が円になるよ。
● 側面のおうぎ形の弧の長さと，底面の円周が等しくなるよ。

15

空間図形1

解ける！ ほぼOK 見直し
チェック1	◎	○	×
チェック2	◎	○	×

チェック1 右の図のように，AB＝5cm，AD＝2cm，AE＝4cm の直方体があります。この直方体の表面積を求めなさい。

展開図をかくと，右のようになります。

側面積 ➡ $4 ×$ | 14 | = | 56 | (cm^2)
　　　　　↳ 2+5+2+5

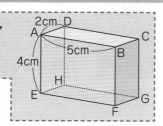

底面積 ➡ $2×5=$ | 10 | (cm^2)

したがって，表面積は，

| 56 | + | 10 | ×2＝ | 76 | (cm^2)
　側面積　　底面積　　↳ 2つあることに注意。

チェック2 底面の半径が4cm，高さが10cm の円柱の表面積を求めなさい。

側面積 ➡ $10×2π×$ | 4 | = | 80π | (cm^2) ← 側面の長方形の横の長さは，底面の円周と等しい。

底面積 ➡ $π×4^2=$ | 16π | (cm^2)

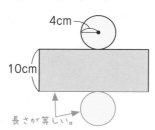

したがって，表面積は，

| 80π | + | 16π | ×2＝ | 112π | (cm^2)

長さが等しい。

入試を解く コツ
- 直方体の側面と底面は，どちらも長方形になるよ。
- 円柱の側面となる長方形の横の長さと底面の円周は等しいよ。

16

連立方程式

解ける！ ほぼOK 見直し
チェック1	◎	○	×
チェック2	◎	○	×

チェック1 次の連立方程式を解きなさい。

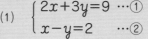

(1) $\begin{cases} 2x+3y=9 & \cdots① \\ x-y=2 & \cdots② \end{cases}$
(2) $\begin{cases} 3x+y=5 & \cdots① \\ y=-2x+4 & \cdots② \end{cases}$

(1) ①－②×2で，x を消去します。

　①　　　　$2x+3y=9$
　②×2　$-)2x-2y=4$
　　　　　　　$5y=5$

　　　　$y=$ | 1 |

これを②に代入すると，

$x-$ | 1 | $=2$
　　　　　　↳ $x=2+1$
$x=$ | 3 |

答 $x=$ | 3 | ，$y=$ | 1 |

(2) ②の $y=-2x+4$ を①に代入すると，

$3x-2x+4=5$

$x=$ | 1 |

これを②に代入すると，

$y=-2×$ | 1 | $+4$
　　　　　　↳ $y=-2+4$
$y=$ | 2 |

答 $x=$ | 1 | ，$y=$ | 2 |

(1)の解き方を加減法，(2)の解き方を代入法というよ。どちらも，1つの文字を消去して1次方程式にすることで解を求める方法だよ。

入試を解く コツ
- 連立方程式を解くときは，まず，加減法で1つの文字が消えるか確かめよう。
- $y=(x$ の式$)$ や $x=(y$ の式$)$ の形があるときは，代入法を使おう。

9

入試に よく出る！

2 方程式

本冊 p.48〜51
解ける！ ほぼOK 見直し
チェック1 ◎ ○ ✕
チェック2 ◎ ○ ✕

1次方程式

チェック1 次の1次方程式を解きなさい。
$7x - 5 = 4x + 1$

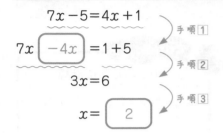

$7x - 5 = 4x + 1$

手順①

$7x \boxed{-4x} = 1 + 5$

手順②

$3x = 6$

手順③

$x = \boxed{2}$

たしカメよう

1次方程式の解き方

① xをふくむ項を【 左辺 】に，数の項を【 右辺 】に移項。
② 【 $ax = b$ 】の形に整理。
③ 両辺をxの係数【 a 】でわる。

チェック2 次の1次方程式を解きなさい。
$0.5(x + 4) = x - 1.5$

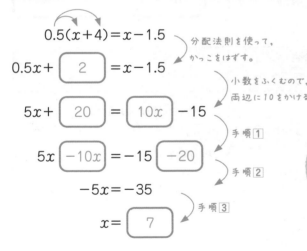

$0.5(x + 4) = x - 1.5$

分配法則を使って，かっこをはずす。

$0.5x + \boxed{2} = x - 1.5$

小数をふくむので，両辺に10をかける。

$5x + \boxed{20} = \boxed{10x} - 15$

手順①

$5x \boxed{-10x} = -15 \boxed{-20}$

手順②

$-5x = -35$

手順③

$x = \boxed{7}$

両辺を10倍，100倍するときに，小数でない部分も10倍，100倍するのを忘れないようにしよう。

入試を解く コツ

🐾 求めた解を方程式に代入して，解が正しいか確かめよう。
🐾 かっこをふくむ方程式は，分配法則を使ってかっこをはずそう。

入試に よく出る！

4 図形

本冊 p.106〜111
解ける！ ほぼOK 見直し
チェック1 ◎ ○ ✕
チェック2 ◎ ○ ✕

空間図形2

チェック1 右の三角柱 ABC−DEF で，AB＝4cm，BC＝3cm，AD＝5cm，∠ABC＝90°です。この立体の体積を求めなさい。

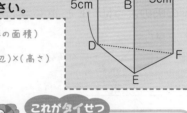

底面積 ➡ $S = \dfrac{1}{2} \times 4 \times \boxed{3}$

（三角形の面積）
$= \dfrac{1}{2} \times (底辺) \times (高さ)$

$= \boxed{6}$ (cm²)

体積 ➡ $V = \boxed{6} \times 5$

AD が三角柱の高さ。

$= \boxed{30}$ (cm³)

これがタイせつ

角柱や円柱の体積 V

底面積をS，高さをhとすると，
$V =$【 Sh 】

チェック2 右の図のような，底面の半径が3cm，高さが10cm の円錐の体積を求めなさい。

底面積 ➡ $S = \pi \times 3^2$

$= \boxed{9\pi}$ (cm²)

体積 ➡ $V = \dfrac{1}{3} \times \boxed{9\pi} \times 10$

$\dfrac{1}{3}$ を忘れずにつける。

$= \boxed{30\pi}$ (cm³)

これがタイせつ

角錐や円錐の体積 V

底面積をS，高さをhとすると，
$V =$【 $\dfrac{1}{3}Sh$ 】

入試を解く コツ

🐾 底面積と高さがわかれば，角柱や円柱の体積が求められるよ。
🐾 角錐や円錐の体積を求めるときは，忘れずに$\dfrac{1}{3}$をかけよう。

4 図形
平行と合同

➡ 本冊 p.112〜115

解ける！ ほぼOK 見直し
| チェック1 | ◎ | ○ | × |
| チェック2 | ◎ | ○ | × |

チェック1 右の図で，$\ell /\!/ m$ のとき，$\angle x$ の大きさを求めなさい。

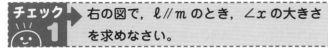

下の図のように，ℓ と m に平行な直線 n をひきます。

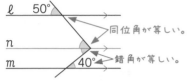

同位角が等しい。
錯角が等しい。

$\angle x =$ ｜ 50 ｜° ＋ ｜ 40 ｜°

＝ ｜ 90 ｜°

たしカメよう

平行線と同位角，錯角

2直線が平行
⇕
【 同位角 】，【 錯角 】 が等しい。

チェック2 右の図で，AO＝BO，CO＝DO です。合同な三角形を見つけ，記号≡を使って答えなさい。

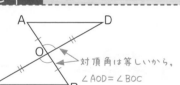

対頂角は等しいから，
$\angle AOD = \angle BOC$

｜ 2組の辺とその間の角 ｜ がそれぞれ

等しいから，△OAD ≡ ｜ △OBC ｜

これがタイセツ

三角形の合同条件

① 【 3組の辺 】 がそれぞれ等しい。
② 【 2組の辺とその間の角 】 がそれぞれ等しい。
③ 【 1組の辺とその両端の角 】 がそれぞれ等しい。

入試を解くコツ

◉ 平行線があったら，同位角と錯角を必ず確かめよう。
◉ 三角形の合同条件は，図に等しい辺や角をかきこんで確かめよう。

---

1 数と式
平方根

➡ 本冊 p.34〜39

解ける！ ほぼOK 見直し
| チェック1 | ◎ | ○ | × |
| チェック2 | ◎ | ○ | × |

チェック1 次の計算をしなさい。
$$\frac{4}{\sqrt{2}} + \sqrt{18}$$

$$\frac{4}{\sqrt{2}} + \sqrt{18}$$

$\frac{4}{\sqrt{2}}$ を有理化して，分母の $\sqrt{\ }$ をなくす。

$$= \frac{4 \times \sqrt{2}}{\sqrt{2} \times \sqrt{2}} + \sqrt{18}$$

$$= \frac{\overset{2}{4}\sqrt{2}}{\underset{1}{2}} + \sqrt{18}$$

$\sqrt{18}$ を $a\sqrt{b}$ の形になおす。

$$= 2\sqrt{2} + \boxed{3\sqrt{2}}$$

$\sqrt{\ }$ の中の数が等しいので，$(2+3)\sqrt{2}$ と計算。

$$= \boxed{5\sqrt{2}}$$

これがタイセツ

$\sqrt{\ }$ のついた数の計算

$a\sqrt{c} + b\sqrt{c} = (\boxed{a+b})\sqrt{c}$

同じ。

$\sqrt{a} \times \sqrt{b} = \boxed{\sqrt{ab}}$

$\sqrt{a} \div \sqrt{b} = \boxed{\sqrt{\dfrac{a}{b}}}$

$\dfrac{a}{\sqrt{b}} = \boxed{\dfrac{a\sqrt{b}}{b}}$ （有理化）

チェック2 次の計算をしなさい。
$$(\sqrt{3} + 5\sqrt{2})(\sqrt{3} - 2\sqrt{2})$$

$$(\sqrt{3} + 5\sqrt{2})(\sqrt{3} - 2\sqrt{2})$$
$$= (\sqrt{3})^2 + (5\sqrt{2} - 2\sqrt{2}) \times \sqrt{3} + 5\sqrt{2} \times (-2\sqrt{2})$$

乗法公式①で，
x が $\sqrt{3}$，a が $5\sqrt{2}$，b が $-2\sqrt{2}$

$3\sqrt{2}$

$\sqrt{2} \times \sqrt{2} = 2$ だから，$5 \times (-2) \times 2$

$$= 3 + \boxed{3\sqrt{6}} - \boxed{20}$$

$$= \boxed{-17 + 3\sqrt{6}}$$

入試を解くコツ

◉ 分母に $\sqrt{\ }$ があるときは，分母と分子に同じ数をかけて，有理化しよう。
◉ $\sqrt{\ }$ をふくむ式でも，文字式と同じように乗法公式を使えるよ。

入試によく出る！
① 数と式
→ 本冊 p.26〜33
解ける！ ほぼOK 見直し
チェック1 ◎ ○ ×
チェック2 ◎ ○ ×

多項式の計算

チェック1 次の式を展開しなさい。

(1) $(x+4)(x-7)$　　(2) $(x+2y)(x-2y)$

(1) 乗法公式①を使います。

$(x+4)(x-7)$

$=x^2-\boxed{3}x-\boxed{28}$

└ $4-7$　　└ $4\times(-7)$

(2) 乗法公式④を使います。

$(x+2y)(x-2y)$

$=x^2-\boxed{4y^2}$ ←（2乗）－（2乗）の形。

これがタイセツ

乗法公式

① $(x+a)(x+b)$
　$=x^2+(\{a+b\})x+\{ab\}$
② $(x+a)^2$
　$=x^2+\{2a\}x+\{a^2\}$
③ $(x-a)^2$
　$=x^2-\{2a\}x+\{a^2\}$
④ $(x+a)(x-a)$
　$=\{x^2\}-\{a^2\}$

チェック2 次の式を因数分解しなさい。

(1) $x^2-2x-48$　　(2) $x^2-10x+25$

(1) 因数分解の公式①を使います。

$x^2-2x-48$ ← 和が－2，積が－48。

$=\left(x+\boxed{6}\right)\left(x-\boxed{8}\right)$

(2) 因数分解の公式③を使います。

$x^2-10x+25$

$=\left(x-\boxed{5}\right)^2$

たしカメよう

因数分解の公式

① $x^2+(a+b)x+ab$
　$=\{(x+a)(x+b)\}$
② $x^2+2ax+a^2$
　$=\{(x+a)^2\}$
③ $x^2-2ax+a^2$
　$=\{(x-a)^2\}$
④ x^2-a^2
　$=\{(x+a)(x-a)\}$

入試を解く **コツ**

● 乗法公式を忘れてしまったときは，分配法則を使って式を展開しよう。

● 因数分解するときは，x の係数や数の項に注目しよう。

入試によく出る！
④ 図形
→ 本冊 p.116〜121
解ける！ ほぼOK 見直し
チェック1 ◎ ○ ×
チェック2 ◎ ○ ×

三角形と四角形

チェック1 右の図で，△ABC は AB＝AC の二等辺三角形です。点 B，C から辺 AC，AB にそれぞれ垂線 BD，CE をひきます。このとき，△BEC≡△CDB を証明しなさい。

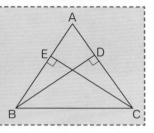

△BEC と△CDB において，

仮定から， ← 最初に合同を証明する三角形を示す。

$\angle\text{BEC}=\boxed{\angle\text{CDB}}=\boxed{90}°$ …①

└ 直角であることを示す。

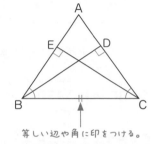

また，△ABC は AB＝AC の二等辺三角形で，底角は等しいから，

$\angle\text{CBE}=\boxed{\angle\text{BCD}}$ …②

└ 直角以外の角が等しいことを示す。

共通な辺だから，

$\text{BC}=\boxed{\text{CB}}$ …③

└ 斜辺が等しいことを示す。

└ 等しい辺や角に印をつける。

これがタイセツ

直角三角形の合同条件

① 【斜辺と1つの鋭角】がそれぞれ等しい。
② 【斜辺と他の1辺】がそれぞれ等しい。

①，②，③より，直角三角形の 斜辺と1つの鋭角 がそれぞれ等しいから，

└ 直角三角形の合同条件を示す。

△BEC≡△CDB

入試を解く **コツ**

● 証明問題は，証明の見通しを立ててから解こう。

● 三角形の合同条件，直角三角形の合同条件を正しく覚えよう。

4 図形
相似な図形

→ 本冊 p.122〜127

解ける! ほぼOK 見直し

| チェック1 | ◎ | ○ | × |
| チェック2 | ◎ | ○ | × |

チェック1 右の図で，∠ADE＝∠ACB です。相似な三角形を見つけ，記号∽を使って答えなさい。

共通な角
等しい角

2組の角 がそれぞれ等しいから，

△ABC ∽ △AED

これがタイセツ

三角形の相似条件

① 【 3組の辺の比 】がすべて等しい。
② 【 2組の辺の比とその間の角 】がそれぞれ等しい。
③ 【 2組の角 】がそれぞれ等しい。

チェック2 右の図で，DE∥BC のとき，x の値を求めなさい。

4cm
2cm
$x$cm
3cm

DE∥BC より，

AE：AC＝DE：BC

$2:6=x:$ 3

$6x=$ 6

内側どうし 外側どうし

$x=$ 1

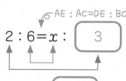
たしカメよう

三角形と線分の比(1)

① DE∥BC ならば，
  AD：AB＝AE：AC
  ＝【 DE：BC 】
② AD：AB＝AE：AC
  ならば，【 DE∥BC 】

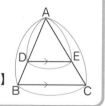

入試を解くコツ

- 三角形の合同条件と相似条件を区別して，しっかり覚えよう。
- 三角形と線分の比は，大小2つの相似な三角形をもとに考えよう。

---

1 数と式
式の計算2

→ 本冊 p.22〜25

解ける! ほぼOK 見直し

| チェック1 | ◎ | ○ | × |
| チェック2 | ◎ | ○ | × |

チェック1 次の計算をしなさい。
$a÷(-2a)^2×8a^2$

$a÷(-2a)^2×8a^2$

累乗を先に計算。

$=a÷$ $4a^2$ $×8a^2$

÷のうしろにある式を分母にする。

$=\dfrac{a×8a^2}{4a^2}$

$=\dfrac{a×8×a×a}{4×a×a}$

約分する。

$=$ 2a

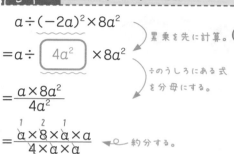
チュウいしよう

累乗の計算

符号の違いに気をつける。
$(-2a)^2=(-2a)×(-2a)$
$=【\ 4a^2\ 】$

$(-2a)^3=(-2a)×(-2a)×(-2a)$
$=【\ -8a^3\ 】$

チェック2 $2a+5b=19$ を b について解きなさい。

$b=\sim$ の形にします。

$2a+5b=19$

2aを移項。

$5b=19$ $-2a$

両辺を5でわる。

$b=$ $\dfrac{19-2a}{5}$

たしカメよう

移項

一方の辺にある項を，符号を変えて他方の辺に移すこと。
例 $x+8=6$

＋8を移項。

$x=6$ 【 -8 】

移項した項の符号が【 反対 】になる。

入試を解くコツ

- 単項式の除法を計算するときは，わる式を分母にして，分数になおそう。
- 1つの文字について解くときは，移項したあとで両辺をわろう。

入試に よく出る！
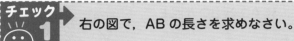
4 図形
三平方の定理
→ 本冊 p.132〜135
解ける！ ほぼOK 見直し

| チェック1 | ◎ | ○ | × |
| チェック2 | ◎ | ○ | × |

入試に よく出る！
1 数と式
文字と式
→ 本冊 p.14〜19
解ける！ ほぼOK 見直し

| チェック1 | ◎ | ○ | × |
| チェック2 | ◎ | ○ | × |

三平方の定理

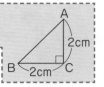

チェック1 右の図で，AB の長さを求めなさい。

△ABC は直角三角形だから，三平方の定理を使います。

$2^2 + 2^2 = AB^2$

$BC^2 + AC^2 = AB^2$

$AB^2 = \boxed{8}$

AB＞0 だから，

$AB = \boxed{2\sqrt{2}}$ (cm)

別解 △ABC は，45°，45°，90° の直角三角形だから，

$AB : 2 = \boxed{\sqrt{2}} : 1$

外側どうし，内側どうしをかける。

$AB = \boxed{2\sqrt{2}}$ (cm)

これがタイセツ

三平方の定理

右の図で，

$a^2 + \boxed{[b^2]} = \boxed{[c^2]}$

斜辺がc

たしカメよう

三角定規の３辺の比

$\boxed{[\sqrt{2}]}$ 45° 45° $\boxed{[1]}$ 上 $\boxed{[2]}$

30° $\boxed{[\sqrt{3}]}$ 60° 1

チェック2 縦が2cm，横が3cm，高さが6cm の直方体の対角線の長さを求めなさい。

対角線の長さを x cm とすると，

$x = \sqrt{2^2 + 3^2 + 6^2}$

$= \sqrt{49}$

$= \boxed{7}$ (cm)

これがタイセツ

直方体の対角線の長さ

縦が a，横が b，高さが c の直方体の対角線は，

$\boxed{[\sqrt{a^2 + b^2 + c^2}]}$

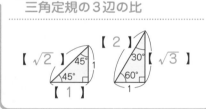

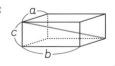
入試を解く コツ

- 三平方の定理を使うときは，直角三角形の斜辺の位置に注意しよう。
- 直方体の対角線の長さを求める公式は，覚えておくと便利だよ。

文字と式

チェック1 次の計算をしなさい。

$-3(2-x) + 4(2x+1)$

$-3(2-x) + 4(2x+1)$

分配法則を使ってかっこをはずす。

$= \boxed{-6+3x} + 8x + 4$

$= 3x + \boxed{8x} \quad -6 + \boxed{4}$

文字の項と数の項を整理。

$= \boxed{11x - 2}$

これがタイセツ

分配法則

$a(b+c)$

$= \boxed{[ab]}_{①} + \boxed{[ac]}_{②}$

$(a+b) \times c$

$= \boxed{[ac]}_{①} + \boxed{[bc]}_{②}$

チェック2 1個2g のおもり x 個と1個3g のおもり y 個の重さの合計は20g 以下でした。このときの数量の関係を不等式で表しなさい。

1個2g のおもり x 個の重さ

➡ $\boxed{2x}$ g ← (1個あたりの重さ)×(個数)

1個3g のおもり y 個の重さ

➡ $\boxed{3y}$ g

2つの重さの合計が20g 以下だから，

$\boxed{2x + 3y \leqq 20}$ ← 不等式で表す。

たしカメよう

不等号の表し方

$x = a$ をふくまないとき

x は a より小さい ➡ $x \boxed{[<]} a$
(x は a 未満)

x は a より大きい ➡ $x \boxed{[>]} a$

$x = a$ をふくむとき

x は a 以下 ➡ $x \boxed{[\leqq]} a$

x は a 以上 ➡ $x \boxed{[\geqq]} a$

入試を解く コツ

- 分配法則を使ってかっこをはずすときは，符号に注意しよう。
- 不等式をつくるときは，数量を文字で表し，大小関係から不等号を選ぼう。

正負の数

	解ける!	ほぼOK	見直し
チェック1	◎	○	×
チェック2	◎	○	×

チェック1　次の計算をしなさい。

$$7-4\times(-3+2)$$

$7-4\times\underline{(-3+2)}$　←❶かっこの中を計算。

$=7-4\times\boxed{(-1)}$　←❷乗法が先。

$=7+\boxed{4}$　←❸最後に加法。

$=\boxed{11}$

ふりカエル

計算の順序

❶【 累乗 】
・【 かっこ 】の中
❷【 乗法 】・【 除法 】
❸【 加法 】・【 減法 】

チェック2　次の計算をしなさい。

$$5-(-5+29)\div(-2)^2$$

$5-\underline{(-5+29)}\div\underline{(-2)^2}$　←❶累乗・かっこの中を計算。

$=5-\boxed{24}\div\boxed{4}$　←❷除法が先。

$=5-\boxed{6}$　←❸最後に減法。

$=\boxed{-1}$

チュウいしよう

累乗の計算

符号の違いに気をつける。
$(-2)^2=(-2)\times(-2)$
$\quad=$【 4 】　←符号が違う。
$-2^2=-(2\times2)$
$\quad=$【 -4 】

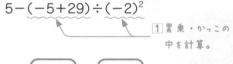

入試を解くコツ

- 複雑な式でも，計算の順序に従って，1つずつ計算しよう。
- 計算問題は符号のミスが多いので注意しよう。

資料の活用

	解ける!	ほぼOK	見直し
チェック1	◎	○	×
チェック2	◎	○	×

チェック1　右の度数分布表は，わかる中学校3年生の，ある週の勉強時間について調べた結果です。

階級（時間）	度数（人）
以上　　未満 0〜10	22
10〜20	26
20〜30	24
30〜40	18
40〜50	10
合計	100

(1)　40時間以上50時間未満の階級の相対度数を求めなさい。

(2)　最頻値を求めなさい。

(3)　中央値をふくむ階級を答えなさい。

(1)　40時間以上50時間未満の度数は10人だから，

$10\div\boxed{100}=\boxed{0.1}$　←相対度数は，小数で求める。

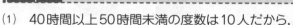
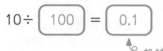
これがタイせつ

相対度数

$$\dfrac{【\ その階級の度数\ 】}{（度数の合計）}$$

(2)　度数がもっとも多い階級は，$\boxed{10}$ 時間以上 $\boxed{20}$ 時間未満です。最頻値は，この階級の階級値 $\boxed{15}$ 時間となります。　←階級の中央の値。

たしカメよう

最頻値（モード）

資料の中で，もっとも多く出てくる値。度数分布表では，度数のもっとも多い階級の【 階級値 】。

(3)　度数分布表の度数を上から順にたすと，$22+26=48$，$22+26+24=72$ より，中央値をふくむ階級は，$\boxed{20}$ 時間以上 $\boxed{30}$ 時間未満です。　←資料の値を大きさの順に並べたときの，50番目と51番目の平均。

入試を解くコツ

- 相対度数は，求める階級の度数を度数の合計でわって求めよう。
- 中央値は，資料の値を大きさの順に並べたときの中央の値だよ。

5 統計・確率
確率，標本調査

→ 本冊 p.150～157

	解ける!	ほぼOK	見直し
チェック1	◎	○	×
チェック2	◎	○	×

チェック 1 2枚の100円硬貨を同時に1回投げるとき，どちらか1枚が表になる確率を求めなさい。

2枚の硬貨をそれぞれA，Bとして，右のような樹形図をかきます。

```
A    B    結果
    ┌表    ●
表 ┤
    └裏    ●
    ┌表    ●
裏 ┤
    └裏
```

1　硬貨の出方は全部で 4 通り。

2　どちらか1枚が表になるのは，
　　 3 通り。
　　← 樹形図の●のところ。

3　確率 $p = \dfrac{3}{4}$

たしカメよう

確率を求める手順

1　全部で n 通り。
2　求めることがらが a 通り。
3　確率 $p = \left[\dfrac{a}{n} \right]$

チェック 2 箱の中に当たりくじとはずれくじが合わせて2000本入っています。これらをよくかき混ぜて100本取り出したところ，当たりくじが2本ありました。はじめにこの箱の中に入っていた当たりくじの本数はおよそ何本と推定できますか。

はじめに入っていた当たりくじの本数を x 本として，比例式をつくります。

$$100 : 2 = 2000 : x$$
　標本　　　母集団

$a : b = c : d$
ならば，$ad = bc$

$$100x = 2 \times \boxed{2000}$$

「当たりくじとはずれくじを合わせた本数：当たりくじの本数」で，比例式をつくるよ。

$x = \boxed{40}$ 　　**答** およそ $\boxed{40}$ 本

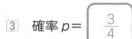
入試を解くコツ

◎ 確率は，確率を求める手順にしたがって，樹形図などを使って解こう。
◎ 標本と母集団の関係を比例式にして，求める値を推定しよう。

わからないを
わかるにかえる
高校入試

合格ミニ BOOK
数学

赤シートを使ってね。

直前まで使える！

● 「合格ミニBOOK」は取りはずして使用できます。
● スマートフォンやタブレットで学習できるデジタル版には，こちらからアクセスできます。 →

デジタル版は無料ですが，別途各通信会社の通信料がかかります。
対応OS ……… Microsoft Windows 10 以降，iPad OS，Android
推奨ブラウザ… Edge，Google Chrome，Firefox，Safari